U0396589

周生祥 著

数学秘境

SHUXUE MIJING

 浙江工商大学 出版社
ZHEJIANG GONGSHANG UNIVERSITY PRESS
·杭州·

图书在版编目（CIP）数据

数学秘境 / 周生祥著. -- 杭州：浙江工商大学出版社，2024.12. -- ISBN 978-7-5178-6281-9

Ⅰ. O1-49

中国国家版本馆 CIP 数据核字第 20247S49B5 号

数学秘境
SHUXUE MIJING

周生祥 著

责任编辑	沈明珠
责任校对	沈黎鹏
封面设计	望宸文化
责任印制	祝希茜
出版发行	浙江工商大学出版社
	（杭州市教工路 198 号　邮政编码 310012）
	（E-mail:zjgsupress@163.com）
	（网址:http://www.zjgsupress.com）
	电话:0571-88904980,88831806(传真)
排　　版	杭州朝曦图文设计有限公司
印　　刷	杭州高腾印务有限公司
开　　本	880mm×1230mm　1/32
印　　张	9
字　　数	171 千
版 印 次	2024 年 12 月第 1 版　2024 年 12 月第 1 次印刷
书　　号	ISBN 978-7-5178-6281-9
定　　价	48.00 元

序言

数学如此美妙,因为她有了文学的翅膀

在生态文学领域左右开弓的作家周生祥,近来又开启了新赛道。在出版了近十部生态小说、散文集和诗歌的基础上,从2023年下半年,周生祥开始了数学系列小说创作。探先秦、连欧美,溯古通今、中外兼容,几何代数并行,至今他已写出了几十篇生动活泼、内涵丰富的作品,并结集出版了这部短篇小说集《数学秘境》,让数学变得十分美妙。

都说数学是科学之母、哲学之伴,在今天这个科技日新月异,数字技术、人工智能突飞猛进的时代,社会发展在很大程度上依赖着数学的探索和发现。然而,毋庸置疑,从数学本身的角度来说,这一重要学科需要遵循严密的逻辑推理,入门不易,环环递进,因而常令人望而生畏,许多人只能在数学的浅层止步。

周生祥极具数学天赋,对数字有着独到的悟性,是一位长期以来对数学怀着深厚的兴趣并一直对此潜心进行研究的林业科技工作者,同时他又是一位高产的生态文学作家。平时,他把数学当作工作外有趣的生活调剂,常沉浸在抽象的数学秘境里自得其乐。在这部小说集里,作家以数学的基本概念和原理为创作基础,以新城小学六年级数学兴趣小组为主场景,用周老师、葛教授等老师的循循善诱和小明、小丽、小强、小琴等同学之间的互动,巧妙推进故事,抽丝剥茧,清晰地解析着复杂的数学原理,用文学的生花之笔让本来显得枯燥的数学呈现山花烂漫的美丽,从而激发人们学习数学的兴趣。

数学题材文学创作是一种全新的开拓,周生祥用小说的人物和故事发挥的感染力普及数学,培养读者,特别是孩子们对数学的兴趣。这样的创作努力,对文学题材的拓展和国家科技基础的夯实有着良好的社会意义,应当受到人们的重视。我现试从三方面述评这部作品的艺术特色和价值。

一、数学让人宽广深邃

数学是望远镜,让人宽广深邃。人的裸眼视野是有限的,眼之所及,桃红柳绿,山光水色,纵然目光如炬,也就能看到宇宙之中的方寸之地。数学却带来了另一片世界,既可拥抱也可撇开感性的现实,让人走进理性的、逻辑的思维层面,在这个维度里,我们可以仰望星空的恢宏浩瀚,可以俯览微观的深邃奥妙。

完全数是数学中有着特殊要求的自然数，其属性为一个数恰好等于它的真因数（即除了自身以外的约数）之和。在文章《完全数》里，我们得知人类在完全数上的探索已有 2500 年以上的历史。可是，在这么漫长的岁月里，人类在自然数的汪洋大海中只捞到 51 个远比"熊猫血"稀罕的完全数。对先人从沧海里捞得的这些完全数，文章里的周老师硬要交给小明、小丽、小强、小琴去辨析。

周老师请来了最早发现 6 和 28 这两个完全数的古希腊人毕达哥拉斯，他说："6 象征着完满的婚姻以及健康和美丽，因为它的部分是完整的，并且其和等于自身。"穷理尽性的周老师也一直在琢磨我国传统文化中的完全数痕迹，他举例"六谷，六畜，二十八宿"里存在着完全数的内涵。周老师告诉大家，在已发现的完全数中，最小的为 6，然而，让人惊讶不已的是，一个一个寻找下去，第 39 个完全数却有 25674127 位。这是怎样庞大的数字概念？让孩子们有点无法想象，那第 50 个呢？第 51 个呢？数学真是启发人们无边无际想象的最好酵素。

讲过了完全数的浩繁，周老师的教学层层递进。他抛出了一连串问题：数学无穷大的海洋里到底有多少个完全数？在已发现的尾数为 6 和 8 的全部 51 个完全数外，会不会有奇数的完全数？如果存在，数学家推论出它必须大于 10 的 300 次方，这又是怎样庞大的概念？这些数据，如果我们用每秒 4700 万亿次峰值运算速度的超级计算机"天河一号 A"，又要多少个日夜才能处理完？周老师的发问让孩子们瞠目结舌。周老师接着说："关于完全数的奥秘有很多，你们现在打好数学基础，以后有许多数学难题等待你们去攻克。你们有没有信心？"

"有！"小明和小强异口同声地喊出来！

就要这个！周老师的设问和鼓励在同学们的心里种下了一颗颗兴趣的种子。种子发芽，立竿见影，小琴的妈妈近来把网名从"阳光"修改为"阳光28"，现在小琴终于找到了答案，打算"揭露妈妈用完全数做网名后缀的小秘密"。学以致用，数学的魅力让孩子们摆脱死读书，而学会动脑筋。让思维出新，从小培养学生们运用知识去解决问题的能力，这里融入了作家深深的社会责任感，以及文学思考和应用的表达。

圆周率 π 应该是孩子们最早接触到的数学常数之一。在文章《π》里，作家以他生态文学创作的深厚积淀，在惊蛰、春分时植物们从严冬苏醒过来的场景里写数学故事。怎么切入 π，把这个一脸严肃的数学常数带进小说，让它散发出文学的香味？作者通过小明的思考，设置了一个很好的切口。在生机勃勃的校园里，小明一查日历便大叫一声："有了！"

"有了什么？看你大惊小怪的。"小强连忙问。

"今天是 3 月 14 日，周老师告诉过我们，π 约等于 3.14，和今天的日子一致，而 π 是无理数，我们来验证一下。"小明兴奋地说……

作家以他的文学技巧，恰到好处地把 π 自然地带进了作品里,然后,信马由缰,洋洋洒洒地展开故事。π 是一个无限不循环小数,作家以学校的香樟树、篮球的直径与圆周长的测量关联和误差来讲解圆周率,让抽象的概念瞬间具象化。

π 的故事还有不少。2019 年,联合国教科文组织以圆周率的近似值 3.14 作为对象,确定每年的 3 月 14 日为"国际数学节",全球的数学爱好者会在这天凌晨或下午 1 时 59 分进行庆祝,以象征圆周率的六位近似值 3.14159。古今中外无数人计算过或正在计算圆周率,以确定更加精确的 π 值。然而,无论他们多么勤奋,永远都无法让 π 值画上句号,真是有点像"西西弗斯"。

我国魏晋时期的数学家刘徽在《九章算术注》中开创"割圆术",对圆周率进行推算,这让我找回了小时背 π 的记忆,"山巅一寺一壶酒,尔乐苦煞吾,把酒吃,酒杀尔,杀不死,乐尔乐",摇头晃脑瞬间搞定圆周率小数点后 22 位的那种得意的样子犹在眼前。

今天的科技飞速发展,科学家已可用多种方法测算 π 值,计算结果已精确到小数点后几百万位。然而,这样的精度,放在苍穹寰宇的大千世界里依旧是远远不够精确的,真是身在地球望宇宙,地球恰如沧海半粒粟。

二、数学在身边妙趣横生

都说数学枯燥,兴趣小组里的同学们迫切想找出点数学的趣味。这班"小猴子"还真有点"歪脑筋",他们想看看在数学里如鱼得水的周老师在文科上有多大的能耐。不过,他们这点小心思哪能难得倒文理兼工的周老师。周老师一会儿谜语,一会儿成语,还拿来等比数列让学生算古塔上那一盏盏亮晶晶的灯,趣味多多。

在《数字谜语》里,周老师说语文和数学本来就是紧密相连,不能割裂开的。他在黑板上面写下"0000",然后要大家猜谜底。你猜我蒙一通后,还是小明先啄破了蛋壳:0代表没有,那不就是"四大皆空"吗?教室里气氛一下子活跃了起来。

那0+0=0呢?

开了窍的小强抢着说:"这一题都是0,什么也没有,那就是'一无所获'啊。"

作家根据孩子们互不相让、处处要争先的心理特征,精心设计人物性格,在矛盾冲突中让四名同学在对话和动作中展示出自己的个性,表达他们的童心的璀璨,紧凑地完成文学作品"起承转合"的完整回合。

周老师的"数控"没有完,接着是连珠炮似的"1×1=1""1,2,3,4,5,6,0,9""3×24"等,以及在《数字成语》里让学生们在"1″""12345"等眼花缭乱的数字中找出对应的成语,还真有点"跑马溜溜的山上,任我溜溜地猜呀"的意思。在周老师的启蒙下,小明、小丽、小强、小琴以不同方式在脑筋急转弯中找出自己的答案,天真无邪的孩子开心无比。

在《诗题》里,周老师以对古诗的解读把数列带进了课堂。

在孩子们小鸟一样叽叽喳喳的催促下，周老师不慌不忙地指了指窗外的钱塘江，在黑板上写下四行字：

对江有塔高七层，

点点红光倍递增，

共灯三百八十一，

请问塔尖灯几何？

3盏、6盏、9盏？太难了，学生们扳着手指，挠着头，嘴里念念有词，心里一盏一盏地蒙着数着，怎么也算不出来。这时，一只"小猴子"推出了另一只"小猴子"，小强对小明说："你在我们班里数学水平最高，你说说看，塔尖有几盏灯？"

小明也挠头："我一下子还没算出来，但我觉得已经想到办法了。"能想到便好，只要肯想，只要肯不断地去想，办法总是比困难多。小明慢郎中医急病一般绞尽脑汁，最后用土办法算出了答案。

小明得到了周老师的表扬，也让同学刮目相看。周老师告诉大家，这顶上的灯用数列原理便可轻易地算出来。这个数列遵循着一个非常有意思的规律，就是前面几项之和比后面一项永远少1。周老师教的数列这一方法，像火点燃了干柴一样，使孩子们纷纷动手验算起来，整个教室充满了活泼的学习氛围。结果是无论同学们怎样验算，随便取来数列中的哪一组数据都没有逃出周老师说出的规律。孩子们一个个如去太阳山上捡金子那样，自信满满、喜气洋洋地收获了他们的数学学习成果。

从远景拉到近景,作家在《趣味解题》里,用数学原理来解决大家生活中的问题。在这里,周老师设置了一个个谜题:让学生们用简单的办法从一筐筐的苹果里找出最轻的一筐;问大家1.5只母鸡每天生1.5只鸡蛋,6只鸡6天共生多少蛋;在兔和鸡混杂的群里,让学生从总共40只脚里确定有多少只兔、多少只鸡……歪题直题,让孩子们的思维如在青藏高原的公路上忽上忽下、忽东忽西地开汽车,使其在嘻嘻哈哈的大脑体操里养成活跃的逻辑思维习惯。

三、群星在数学的天空里灿烂

数学家应该有一张苦思冥想的脸庞,这大概是人们心目中的形象。而在这部《数学秘境》里,周老师却请来了一位位或思想锐利,或温和可亲,或智慧如海,或诙谐幽默的智者,在新城小学的讲台上,讲述着几千年来他们不断探索数学奥秘的故事。

在《数字谜语》里,周老师讲了宋初名相、有千古奇文《寒窑赋》传世的吕蒙正与数学的故事。吕蒙正从小父母双亡,家境十分贫困,有一年过年,他在门上贴出了一副奇怪的对联。上联是"二三四五",下联是"六七八九",横批是"南北",大伙儿莫名其妙,只有吕蒙正自己心里清楚。他是在用春联表达"缺衣(一)少食(十)、没有东西"的窘迫。

质数也叫素数,是数学概念中只能被1和自身整除的自然数。在文章《质数》里,周老师与同学们一起探讨着质数的数量是有限的还是无限的问题。为解决这个问题,周老师请来了大名鼎鼎的古希腊数学家、苏格拉底的学生欧几里得。欧几里得在课堂上拿出了他的《几何原本》,用反证法确定质数的数量是无限的。反证法的引入给习惯于顺向思维的同学们做了推理的逆转,让孩子们大为惊讶:世界上怎么还可以用反证法去解决数学问题? 着实让我们的思考出新。

电视上,我们常能看到一则以欧洲作为背景拍摄的饮用水广告,隐隐地展示着西方现代哲学奠基人之一、创立了解析几何的法国数学家勒内·笛卡儿的爱情故事。笛卡儿是"近代科学的始祖",他所生活的 17 世纪上半叶是欧洲神学与科学矛盾十分尖锐的时期。在《植物数学》里,林业专家葛教授下沉新城小学为同学们开科学小灶,为孩子们在求知之路上开启了一扇新的大门。葛教授带着同学们走进大自然,带他们寻找椭圆形、心形、菱形、圆形、三角形、扇形等各式各样的树叶。在浓密的树荫下,他讲起了笛卡儿:"很早之前,笛卡儿就观察到一些花草的形状与一些闭合的曲线十分相似。1638 年,他提出了一个方程式:$x^3 + y^3 = 3axy$。这就是笛卡儿叶形曲线。因为这条曲线有一部分像一片茉莉花瓣,所以它被数学家生动形象地称为茉莉花瓣曲线。"后来,科学家们又相继完成了蔷薇、睡莲、菊花、常春藤、酢浆草、柳树、槭树等植物叶片的方程式。葛教授的到来让孩子们在大自然的烂漫里找到了寄寓数学的纽带。

　　《数学秘境》像一个多维的讲台:苏格拉底在授课;孔子说"三八等于二十三",在颜回面前"做错"算术题;苏东坡赶考迟到用数学作诗,诉说困境感动考官而被放行;田忌与齐威王赛马,在孙膑的指点下赛出了数学的新意;明代的程大位打厌了算盘,做烦了生意,却玩起了他数学的醇醇酒;陈景润毕生在攀登着"哥德巴赫猜想"这座高山,直至生命的最后一刻。很多时候数学像暗物质,而《斐波那契数列》的大门一开,我们看到了那里有一只只兔子在蹦蹦跳跳,斐波那契拿着鹅毛笔跟在兔子后面用等比数列一遍遍验算……

结　语

　　这个时代有很多诱惑,从读书到读图,从读图到看视频、看越来越短的视频……这样的演变,无时无刻不在把人拉进思维简单甚至不需思维"乐尔乐"的环境里。只是数学依旧是思维的皇冠,不管现实如何纷繁,它自在深宫秘境,人们只有向深邃星空远航、在九曲迷宫探幽,才能得其美,品其妙。

　　挑苹果,数鸡蛋,点禽畜,辨人物……多彩数学,满是趣味,《数学秘境》为人们提供了学数学的有趣氛围。在这部小说集里,孩子们能找到学数学的快乐,成年人能找到校园的回忆而开启新的思索,这有利于营造良好的数学求知氛围,让人在多彩的文学作品中感受数学的美妙。读着读着山前便打开一道门,让我们曲径探幽往前走。愿数学插上更多的文学翅膀，变得更加有趣，使更多学子能沉下心来带着兴趣去钻研数学，这是时代发展的需求。期待《数学秘境》如初春的芽，生绿吐红挂金穗，结出沉甸甸的思想果实。

此刻，我彷佛看到小明、小丽、小强、小琴和班里的其他同学毕业离开了他们的母校——新城小学，带着周老师、葛教授的启蒙，像小鸟一样飞进人生的下一座学习的殿堂——初中，在更丰富的课程里撷取知识的营养，展开他们人生的"太阳帆"，在无疆的科学星空里翱翔。

《文化娱乐》月刊原主编、评论家

韩 锋

2024 年 5 月

目　录 *Contents*

1　神秘数

初冬的一天清晨,新城小学六年级学生小明、小强、小丽、小琴等人去操场锻炼,小明跑在前面,不小心摔了一跤,爬起来低头一看,不禁尖声叫了起来。

后面的同学赶上来,小强连忙问:"你大呼小叫干什么?"

小明用手指着地面说:"你们快来看,地上写着一串数字,我觉得很奇怪。"

"你也太大惊小怪了,一串数字就值得你如此紧张?"小丽满脸不屑地对小明说。

小琴比较细心,关心地问:"小明,这串数字你报出来听听,看有没有什么特别之处。"

"142857,"小明报出了数字后,摇了摇头,补充说,"昨天晚上我们离开这里时,地面上什么数字都没有,今天一大早就出现了这串数字,这里面一定有名堂。"

"这说明昨天晚上这里来过不速之客,会不会是他留下的暗号或密码?"小强神秘兮兮地说。

在场的同学对着 142857 这几个数字看了几遍,也说不出个所以然。小琴说:"也许是哪个小孩子随便写写的,没有任何实际意义。"

小强说:"大家都动动脑筋,破破案。"

"会不会是一年有四季,二十八星宿,五行,北斗七星。"小琴喃喃自语,大家觉得有点意思,但又一致认为肯定不是这样的。

"我觉得一人有四肢,二十八颗牙齿,还有五官和七窍。"小明好像悟到了什么,但其他同学都摇摇头。

过了一会儿,见大家都说不出所以然,小丽说:"听闻隔壁学校的初中生张生是个数学通,请他来一定能说清楚。"

"谁能请到他?"小明叹息道。

"我打个电话过去就行。"小丽跑到老师办公室去打电话。

只几分钟时间,张生就过来了。小明赶紧将地上的那串数字指给他看,请求张生指导。

张生看着地上的数字,说:"这确实是一串特别的数,你们看,将这串数分成两个三位数,$142+857=999$,$9+9+9=27$,$2+7=9$。将这串数分成三个两位数,$14+28+57=99$,$9+9=18$,$1+8=9$。将这串数分成六个一位数,$1+4+2+8+5+7=27$,$2+7=9$。结果是不是都变成 9 了?"

小明等都点着头,表示很惊讶。张生继续说:"更奇妙的还在后面,将这串数分别乘以 1、乘以 2……乘以 6,得到的结果分

别是：142857×1＝142857，142857×2＝285714，142857×3＝
428571，142857×4＝571428，142857×5＝714285，142857×6＝
857142。这六个结果都是142857这6个数字，只是排列的顺序
不一样，好像是在转圈圈。你们看是不是这样？"

小明报出了6个数字，142857，428571，285714，857142，571428，
714285，和张生说的完全一样。小明对小琴说："你说这可能是
哪个小孩子随便写写的，这么玄幻的数字是随便能写出来
的吗？"

"前面我是随便一说，现在我也觉得越来越奇妙了。"小琴涨
红了脸。

"那问题就严重了，一定是个密码，大家可要小心点。"小强
满脸神秘。

"这串数字还有很多奇妙的特性。"张生继续说，"事实上，阿
拉伯数字0，1，2，3，4，5，6，7，8，9本身就是非常奇异，十分完美
的，用这十个基本数可以组成无穷无尽的数，像142857这样的数
字还有很多很多，这就是数字之美，或者说数学之美。"

"啊，数学原来是这样的，太好玩了。"小明他们叫了起来。

张生转过身来，问："你们在上数学、语文、物理、体育课时，
是怎么理解这些课的？"

小明先说："我觉得数学就是研究数的学问，由数可以转换
成形，把数研究透了，数学问题也就解决了。"

"那我的理解，语文的语就是说话，语是五个口在说，文就是

写文章。将说出的话整理成文章就是语文。"小丽说完，天真地笑着。

"你这是算命先生拆字。"小强取笑小丽。见小丽忍着没说话，小强继续说："物理就是研究物体运动的道理，我是这样认为的。"

"你就会说我，你自己还不是望文生义。"小丽反击，又补了一句，"那依你的逻辑，化学就是研究物质变化的学问。"

"都是做学问，那体育为什么不叫体学呢?"不知谁问了一句。

"我想，会不会是体学和医学容易混淆，因为都是涉及身体的。而'体育'的'体'有活动的意思，就是说要将全身动起来，身体才会得到发育。"小琴怯生生地说。引得同学们一阵大笑。

笑过之后，大家都看着张生。张生也笑着说："你们说的虽然不全面，但实质性的东西已经说出来了，话糙理不糙，是这个道理。"

"说这些没用，我关心的还是这个142857是怎么来的?"小明心里的结没有解开，堵得难受。

"你们这里谁都不知道这个数的来源吗?"张生环顾四周问道。

"我们知道的话，也用不着来麻烦你了。"小丽回复道。

"那我就把底牌亮出来吧。"张生慢悠悠地说："你们用1除以7，看看是怎么个结果。"

　　小明拿出纸和笔,做起了除法,做了很久,也没有最后的结果,全身汗都出来了。小强从教室里搬来一台笔记本电脑。噼里啪啦一顿操作,结果出来了,大家围上来一看,电脑上显示:

　　$1 \div 7 = 0.142857142857142857\cdots$

　　后面的数字无穷无尽。再仔细一看,都是按照 142857,142857 的顺序排列的。

　　"噢,我明白了,这个 142857 原来是这样来的。"小明拍着脑袋叫了起来,接着又问,"你前面说类似的数还很多,要怎么去发现它们呢?"

　　"你啊,就是要打破砂锅问到底。要说清这个问题,可不容易啊。"张生欲言又止。

　　"你就简单点说说嘛。"小明缠住不放了。

　　张生没办法,只好说:"好吧,我接着说,像 1,2,3,4,142857 这样的数都叫整数,像 1/3,1/7,1/23 这样的数叫作分数,整数和分数都是有理数。分数有些是可以除尽的,比如 1/2＝0.5,1/5＝0.2,有些是除不尽的,比如刚才的 1/7＝0.142857…。"

　　小丽插问:"那分数能不能除得尽,有规律吗? 要怎么样才能看出来?"

　　张生回答:"有规律,也能看得出来。分数能不能除得尽,和分子无关,就是看分母是什么数。假定分子为1,分母中只含有 2或 5 这两个因数的就一定除得尽,反之就除不尽。当分数除不尽时,虽然小数位数是无限的,但是一定是循环的,例如刚才的

1/7＝0.142857…,就是按 142857 循环下去的。"

"那是不是每个循环小数都有像 142857 的奇妙特征呢?"小强问。

"不是的,只有当分母是素数(又称质数)时,才可能出现这样的奇妙数,比如 1/13＝0.076923076923…,就是一个这样的数。"张生解释道。

小明问:"你刚才提到素数,我想起来了,那个研究'1＋1＝2'的陈景润,是不是有以他名字命名的素数?"

张生回答:"是的,陈素数就是以他的名字命名的。别看阿拉伯数字简单,里面藏着非常多的秘密,像计算机编程、密码破解等,归根结底都和数字有关。一些奇妙现象,被证明了的就是规律,还没有被证明的就是猜想。陈景润就是研究哥德巴赫猜想的。"

"那我也要研究哥德巴赫猜想!"小明拍拍胸脯说。

"算了吧,你连一串数字都弄不清楚,还研究哥德巴赫猜想呢。"不知是谁说了一句,操场上传出一阵欢笑声。

2 阿拉伯数字

一天下午,小明、小强等人在去图书室的路上,遇到一年级的小方正从图书室慢慢走过来,小明问小方:"你怎么回去了?图书室里还有谁在啊?人多不多啊?"

小方报出了小姚、小张、小陈、小黄等名字。

小强想捉弄小方,就对他说:"小明问你人多不多,你要报个数出来才是啊。"

小方就 1,2,3,4,5,6,7,8,9 地数起来,数到 9 后,他就数不下去了,只好说:"很多很多,我数也数不过来。"

小强取笑他,说:"我看你也只知道 1 到 9 这几个阿拉伯数字,再往后你就数不清楚了吧。"

小方哈哈笑了笑,拍拍脑袋说:"这数字一多,我还真转不过来。"紧接着又问:"你刚才说 1 到 9 是几个阿拉伯数字,那你知道为什么叫阿拉伯数字吗?"

小强没想到本想捉弄小方,反被小方问倒了,正不知所措,发现教数学的周老师走过来,就像见到了救星,连忙说:"周老师来了,让周老师告诉你吧。"

周老师听明白事情原因,笑着对大家说:"1,2,3,4,5,…这些简单的数字,被称作阿拉伯数字,最早起源于印度,阿拉伯人从印度人那里学到了这些数字,12世纪左右,这些数字的书写方法从阿拉伯地区被带到了欧洲。别看这是些简单的数字,它们是人类文明得以向前推进的关键要素,有着非凡的意义。到了13世纪初,意大利数学家斐波那契开始在他的工作中使用阿拉伯数字。随后,西欧的定量科学取得了巨大的进步。为何在此之前罗马人没能发展出富有创造性的定量科学?有种观点认为,这是因为用罗马数字进行复杂计算并不是一件方便简洁的事,而阿拉伯数字的出现代表了计数方法上的重大突破,为代数的发展铺平了道路。如果没有这些数字,数学或许会一直被困在黑暗时代。"

"阿拉伯数字里还有个0,是刚才小方没有数到的,我们应该如何理解?"小明提出了一个新问题。

周老师说:"0代表什么也没有,小方当然不会数到。在人类历史上,人们在很久以前就理解了'无'或'没有'的概念,有记录的第一次使用代表零的符号,可以追溯到公元前3世纪的古巴比伦。到了公元350年左右,玛雅人的日历上也出现了与之类似的符号。但0的概念实际上到了5世纪左右,才在印度充分建立起来。在此之前,数学家只能尽量进行最简单的算术计算。"

"原来如此,那就是说从 0 的概念提出来到现在也只有 1000 多年。"小强满脸惊讶。

周老师继续说:"这些早期的计数系统只把 0 看作一个占位符,而不是一个有自己独特值或属性的数字。直到 7 世纪,人们才充分认识到 0 的重要性。终于在 9 世纪时,0 才以一种与我们今天所使用的椭圆形类似的形式,进入了阿拉伯数字系统。经过几个世纪,0 随着阿拉伯数字系统,在 12 世纪左右传到了欧洲。从那时起,像斐波那契这样的数学家便将 0 的概念引入主流思想,在后来的笛卡儿、牛顿和莱布尼茨的微积分发明中均有突出的体现。现在,0 既是一个符号,也是一个概念,物理学、经济学、工程学和计算机的发展中,0 都发挥着重要作用。"

"0 代表什么也没有,那应该是最小的数了,没有比 0 更小的数吧?"小强猜测。

周老师摇摇头,对小强说:"假如你和小明一起出去玩,你们两个原来都带着 100 元钱。一天后,你胃口大,消耗多,把 100 元钱用光了,这时你身上的钱就是 0,而小明消耗少,还剩下 20 元钱。回来的路上,你只得向小明借了 10 元钱。这 10 元钱就要你以后想办法还给他。这就是所谓的负债了,负债是不是比没有钱还要穷,也就是说,比 0 小的数是有的,人们叫它负数。"

"负数原来是这样子来的,我终于明白了,我就是个'负翁'。"小强拍拍脑袋,恍然大悟。

周老师继续说:"说到负数,这个概念的第一次出现可追溯到公元前 1 世纪的中国。在《九章算术》这本书上讲到,因为要求解一个联立方程组,就出现了负数。7 世纪,印度天文学家婆罗摩笈多是第一个赋予负数意义的人。他就是用'财富'和'债务'的概念来表示正数和负数。这时的印度已经拥有了一个含有 0 的数字系统。婆罗摩笈多用一种特殊的符号表示负号,并写下了一些关于正、负的运算规则。欧洲开始使用负数是在 15 世纪,自此开启了一个建立在前人思想基础上的研究过程,并掀起了求解二次方程和三次方程的数学热潮。"

"1,2,3,4,5,…这些数是阿拉伯数字,小于 0 的数是负数,那界于 0 和 1 之间的数有没有?"小方很好奇。

周老师说:"这样的数当然有,比如要将 1 块蛋糕平分给大家,像这样要将 1 分成几等份的数,叫作分数,1 的一半叫作 1/2,1 分成 3 等份,每份就是 1/3,依次类推,这些小于 1 的数,也叫小数。"

见大家都很认真地听着,周老师继续说:"分数一词来源于拉丁语'fractio',意思是'断裂'。在 1585 年出版的一本小册子中,荷兰数学家斯蒂文向欧洲的读者介绍了十进制小数的概念,认为他的小数方法不仅对商人有价值,而且对占星家和测量师都有价值。事实上,在斯蒂文之前,小数的基本概念就已经在一定程度上得到了应用。10 世纪中期,大马士革的阿尔·乌格利迪西写了一篇关于阿拉伯数字的论文,在论文中他写到了小数,不过历史学家对他是否完全理解这些数字存在分歧。我们今天所使用的分数是直到 17 世纪才在欧洲出现的。"

"阿拉伯数字、负数、分数、小数,我都搞糊涂了,还有其他数吗?"小方一脸茫然。

"阿拉伯数字也叫自然数,在自然数里,还有奇数、偶数、质数、合数、完全数等不同的分类。今天讲的都是小学的知识,到了初中、高中后,数的类型就更多了。"

"哇,这么多种多样的数,周老师一定要多教教我们。"小明满脸钦佩。

周老师拍拍小明的小手,表扬了身边的同学,说:"我要去上课了,以后你们有什么数学问题都可以来问我。"

周老师走后,小明等同学继续往图书室走去。

3 无理数

　　小明和小强是同班同学,两个人是好朋友,形影不离,但也经常闹矛盾。有一次,小明和小强在操场打球,因为规则的理解问题吵了起来,双方都认为自己有理对方无理,就把在旁边打球的大哥哥找来评理。大哥哥故意为难他俩,说:"你们一个是有理数,一个是无理数,把有理数、无理数搞懂了,我再告诉你们结果。"

　　大哥哥把小明和小强难倒了,谁也说不清这无理数是什么意思,就不再争论,而是一起去找教数学的周老师。周老师听明来意,就很耐心地介绍起来。

　　周老师说:"记得前几天和你们说起过,像1、2、3这样的数叫阿拉伯数字,也叫自然数或整数,整数里1、3、5这样的数叫奇数,2、4、6这样的数叫偶数,像6(2×3)、9(3×3)这样的数叫合数,像7(1×7)、13(1×13)这样的数叫质数,像4(2×2)、16(4×4)这样的数叫平方数,像6、28这样的数叫完全数。"

"完全数？这可是第一次听说。"小强插嘴说，满脸好奇。

"别打岔，我们要知道的是无理数。"小明拉拉小强衣角，小声嘀咕。

周老师继续说："要理解无理数，首先要搞懂有理数。上面说的整数是有理数，将整数分成几等份，其中的一份比如 1/2、1/3、1/7 叫作分数。分数可转化为小数，将分数化为小数时，有两种情况，一种是有限小数，像 1/2＝0.5 就是有限小数。另一种是无限小数，像 1/3＝0.3333…，1/7＝0.142857142857… 就是无限小数，但这种无限小数有一个规律，就是无论位数多长，数字总是循环出现的。"

"就是说，分数化为小数，一定是有限小数或无限循环小数。"小明似乎摸出了门道。

"是的！"周老师满意地点点头。

"那是不是可以这样理解，无限又不循环的小数是无理数。"小强猜测。

"是的！"周老师对小强竖起大拇指，点赞鼓励。

"可是，现实当中，有这样的无理数吗？"小强问。

"现实中，有你这样无理取闹的人，就一定会有无理数。"小明还是对小强和他争辩耿耿于怀。

"你这是望文生义，数学是严肃的事，容不得你随意曲解。"小强反击道。

周老师并没生气，笑眯眯地继续说下去："还真有无理数，人们在实践中发现,有些数是不能用整数或分数表示的。比如在一个直角三角形中,两条直角边的长度都为 1 时,其斜边的长度是 2 的算术平方根,这个数就是个无限不循环的小数,大约是1.414;又如圆周率 π,它是圆的周长除以直径的结果,大约是3.1415926,也是个无限不循环的小数。自然常数 e 约为 2.718,也是个无理数。像这样的数有很多,无理数应满足三个条件:是小数;是无限小数;不循环。"

"那无理数是谁先发现的?"小强追问。

"这个说起来话长了。"周老师喝了口水,接着说,"相传公元前 500 年,古希腊毕达哥拉斯的弟子希伯索斯发现了一个惊人的事实,一个正方形的对角线与其一边的长度是不可通约的(若正方形的边长为 1,则对角线的长不是一个有理数),这一不可通约性与毕达哥拉斯的万物皆是有理数的哲理相矛盾,希伯索斯因此遭到毕达哥拉斯学派成员的迫害,后来更是被残忍地扔进了大海。然而真理毕竟是掩盖不住的,毕达哥拉斯学派抹杀真理才是'无理'。人们为了纪念希伯索斯这位为真理而献身的学者,就把不可通约的数取名'无理数',这就是无理数的由来。"

"有理数,无理数,太有意思了,我们怎么才能分得清楚。您再说说,在我们生活中,还有哪些无理数?"小强兴趣盎然,追问周老师。

"像你这样缠着周老师不放,有理也变无理了。"小明又呛小强。引得办公室里的老师哄堂大笑。

周老师脾气极好,笑了笑说:"小强的好学精神是值得肯定的。数的种类很多,不管是有理数还是无理数,它们都是实数,相对于实数,还有虚数,但虚数的概念太复杂,你们现在还接受不了。当然,刚才我们讲的都是指十进位制,还有二进位制、十二进位制、十六进位制等,其规则就更复杂了。"

"现在我们把有理数和无理数的概念搞清楚了,赶快去操场找大哥哥,让他把打球规则给我们讲清楚,我俩一定要分出谁对谁错。"小明拉着小强的手欲离开,被周老师叫住了。

周老师语重心长地说:"小明啊,你们还小,以为数学课上学到的知识是非对即错,非白即黑的,但以后你们会学到,数学上还有个领域叫模糊数学,并不是非此即彼的,其结论是模糊的,是相对的,并不是绝对的。现实生活中就更是如此,对规则可以有不同理解,为什么一定要分出对错呢?"

周老师的一席话,说得小明面红耳赤。于是小明和颜悦色地对小强说:"我们听周老师的,不争了,继续去打球吧!"说着,两人蹦蹦跳跳地走出老师办公室。

办公室里的老师们露出了欣慰的微笑。

4 π

　　小明和小强都喜欢数学,自从听教数学的周老师介绍了无理数后,一直想亲自找找无理数的感觉,但不知道从哪里着手。有一天下课后,小明和小强去小公园玩,其时惊蛰刚过,春分将至,植物们已经从严冬中苏醒过来,该发芽的发芽,该开花的开花,校园里一片生机勃勃的景象。从繁花似锦中找到灵感的小明一查日历,大叫一声:"有了!"

　　"有了什么? 看你大惊小怪的。"小强连忙问。

　　"今天是 3 月 14 日,周老师告诉过我们,π 约等于 3.14,和今天的日子一致,而 π 是无理数,我们来验证一下。"小明兴奋地说。

　　"我懂了,π 就是圆周率,是圆的周长除以直径的结果,你是想通过测量圆的周长和直径,来做比对。"小强一下子明白过来。

　　"是的。"小明说着,跑到学校工具间找来一根测绳。他们量出一棵大香樟的周长是 2.05 米,直径是 0.65 米,2.05 除以 0.65

约等于 3.154,和 3.14 比较接近。两人又找了棵银杏树,这棵树的周长是 0.88 米,直径是 0.28 米,0.88 除以 0.28 约等于 3.143,和 3.14 更接近,但两棵树算出来的 π 值不一样。这是为什么呢?

想了一会儿,小明一拍脑袋,说:"我知道了,这两棵树的树干虽然看上去是圆的,但事实上并没有那么圆,所以计算结果会有差异,我们找一个更圆的东西测量吧。"

"那还不容易,篮球总是圆的。"说着,小强到教室抱来一只篮球,一测量,篮球的周长是 0.772 米,直径是 0.246 米,0.772 除以 0.246 约等于 3.138,比 3.14 略小一点。反复测量了几次,结果虽然比较接近,但都不完全相同。

带着疑问,小明和小强去请教周老师。周老师首先表扬了两人的探索精神,接着说:"你们已经发现了树干并不很圆,而严格来说,就算质量最好的篮球也不是完美的圆形,并且你们测量时是存在误差的,周长和直径测量结果相除时也有保留几位小数的问题,所以每次结果会不一样。"

"那要怎么办呢?"小强有些急了。

"别急,我慢慢告诉你们。"周老师指着桌子上的台历本,说,"今天是 3 月 14 日,3.14 是个神奇的数字,由圆周率最常用的近似值 3.14 而来,在 2011 年时,国际数学协会正式宣布,将每年的 3 月 14 日设为'国际数学节',全球各地的数学界人士,会在这天凌晨或下午 1 时 59 分进行庆祝,以象征圆周率的六位近似值 3.14159。圆周率用一个希腊字母 π 来表示。"

"那这个 π 真是个神奇的数,是谁最先发现的?"小明很好奇。

周老师充满感情地说:"π 是个无理数,就是说,它是个无限不循环的小数。人们知道这个数字已经有数千年了,它有着跨越文化的魅力,古巴比伦人、古希腊人、古代中国人,都在努力计算出更加精确的 π 值来。魏晋时期的数学家刘徽在他所著的《九章算术注》中提出了'割圆术'的思想,'割之弥细,所失弥少。割之又割,以至于不可割,则与圆周合体,而无所失矣'。"

"'割圆术'是什么意思?"小强问。

"因为测量圆弧的长度困难,而测量直线容易,古代人想到了将圆周分割成许多小段,用正多边形的周长来代替圆周长的方法,这就是'割圆术'。"周老师耐心解释。

小强还要再问,被小明拉拉衣角制止。周老师接着说:"刘徽算到正 3072 边形时,得到 π≈3927/1250(即 3.1416)。'割圆术'是中国古代数学极限概念的萌芽,这和后来西方人发明微积分的思路是一脉相承的。当然,微积分要读大学时才会学到。南北朝时期的祖冲之在刘徽探索圆周率的精确方法的基础上,提出的'祖率'近似值,在 3.1415926 到 3.1415927 之间,首次将'圆周率'精算到小数点后第七位,对中国乃至世界数学的研究都具有重大意义。"

"那这个圆周率 π 有什么特别之处呢?"小强按捺不住又问了一句。

"说来也怪,π 在数学公式中随处可见,并且还在流行文化中出现,其出现频率及地位,远远高于其他数学常数。π还应用于许许多多的领域中。上至天文、下至地理,在宏如宇宙、微如量子的地方,都会看到π的身影。π的魅力和π带给我们的惊喜,就像它本身一样,无穷无尽,永不重复。"周老师说到这里,一阵感叹。

"π只不过是个数字,怎么会和文化有关呢?"小明没反应过来。

周老师笑了笑,从书柜里找出一本书,说道:"在美剧《疑犯追踪》中有这样一段关于圆周率的经典台词,向人们传达了一个数学概念中蕴含的人生哲理:π,圆周长与其直径之比,这是开始,后面一直有,无穷无尽,永不重复。就是说在这串数字中,包含每种可能的组合,你的生日,储物柜密码,你的社保号码,都在其中某处。如果把这些数字转换为字母,就能得到所有的单词,无数种组合。你婴儿时发出的第一个音节,你心上人的名字,你一辈子从始至终的故事,我们做过或说过的每件事,宇宙中所有无限的可能,都在这个简单的数字中。用这些信息做什么,它有什么用,都取决于你们自己。"

"周老师,你刚才说π在数学公式中随处可见,能举例说明吗?"小强追问。

周老师在纸上先写道:

$1/1^2 + 1/2^2 + 1/3^2 + \cdots = \pi^2/6$

然后说:"这样一个数列之和,竟然等于$\pi^2/6$,看起来风马牛不相及的事情,偏偏联系在一起了。并且类似这样的数列公式还有很多。"

接着,周老师又在纸上写出:

$$e^{\pi i}+1=0$$

接着说:"这个公式中,e、π、i都是数学中重要的常数,其中e是自然对数的底数,i是虚数单位,e和i你们现在还听不懂,但我想说明的是,全宇宙最重要的5个常数竟然出现在同一个等式中,这既表达了数学之美,又反映出数学的神奇。"

小明和小强都惊呆了,一时半会儿不知道说什么好。周老师拍拍两人的小手,说:"现在我们回过头来谈π值,你们前面用实测方法算出的结果是个近似值。现在数学家们尝试用多种方法测算π值,计算结果已经可以精确到小数点后100多万亿位。还有能背诵出π值多少位,已成为考查人们记忆力好坏的一种方式。"

小强醒悟过来,说:"那从明天开始,我也来背π值,你们来考考我的记忆力怎么样。"

"就你个木脑袋,还想背π值,我看算了吧。"小明取笑小强。

"不服比一比。"小强反击道。

小明说:"比就比,谁怕谁啊!请周老师做裁判。"

周老师答应下来,看看时间不早了,说:"今天就这样了,一周后我来考你们。"小明和小强都说好,就各自回去背圆周率了。

5　完全数

　　新城小学六年级的学生,在周老师指导下,成立了数学兴趣小组,小明、小强、小丽、小琴是其中骨干成员。有一天下午,兴趣小组搞活动,小琴提到了一件新鲜事。

　　小琴说的是她妈妈的网名,以前一直叫"阳光",前几天发现后面加了个数字,改成"阳光28"。小琴问过妈妈,这个28是什么意思,但她妈妈没有直接告诉女儿,说让女儿自己动脑筋找答案。小琴想来想去没想明白,就提出来让同学一起分析。

　　针对这个28,有人说会不会是生日,有人说是不是代表4周,有人认为和2月份是28天有关,有人觉得代表28个星宿或者28颗牙齿,但这些猜测都被小琴一一否定。

　　正莫衷一是时,刚好周老师过来,小琴就向周老师求助。周老师听明事情来龙去脉后,认定这个28指的是完全数。

　　"完全数? 我怎么没有听说过呢,老师教教我!"小琴央求道。

周老师说:"完全数又称完美数或完备数,是一些特殊的自然数,它所有的真因数(即除了自身以外的约数)的和恰好等于它本身。也就是说,如果一个数恰好等于它的真因数之和,则称该数为'完全数'。"

"请老师举例说明。"在班级中,小明数学基础算好的,但听了周老师的解释,也似懂非懂。

"我们先从第一个完全数 6 说起,6 的约数是 1、2、3、6,除去它本身 6 外,其余 3 个数相加,$1+2+3=6$。再分析第二个完全数 28,28 的约数是 1、2、4、7、14、28,除去它本身 28 外,其余 5 个数相加,$1+2+4+7+14=28$。第三个完全数是 496,496 的约数是 1、2、4、8、16、31、62、124、248、496,除去它本身 496 外,其余 9 个数相加,$1+2+4+8+16+31+62+124+248=496$。通过这三个例子,你们理解完全数的概念了吗?"周老师慈祥地望着同学们。

"概念是懂了,可是这个完全数有什么特别的意义呢?"小琴还没有反应过来。

"这要从完全数的来源说起。"周老师坐下来,让同学们围在他身边,说起了关于完全数的故事。

"早在公元前 6 世纪,毕达哥拉斯就开始研究完全数,他首先发现 6 和 28 是完全数。他曾说:'6 象征着完满的婚姻以及健康和美丽,因为它的部分是完整的,并且其和等于自身。'西方学者认为 6 和 28 是上帝创造世界时所用的基本数字,因为上帝创造世界花了 6 天,月亮绕地球一周花了 28 天。

"在中国文化里,很早就有关于六谷、六畜、六国、二十八星宿等的记载,6 和 28,在中国传统文化中熠熠生辉,是因为它们是完全数。因此,有学者认为,中国发现完全数比西方要早。"

"原来 28 是完全数,代表完满、健康、美丽,怪不得我妈妈要在阳光后面加上 28,我懂了。"小琴满脸微笑。

"怪不得我妈妈专门说 666,对 6 情有独钟,原来 6 是完全数。"小丽恍然大悟。

"相对于完全数,其他数有什么叫法呢?"小明提出了新问题,得到了周老师的表扬。

周老师介绍说,自然数分为亏数、盈数、完全数。比如"4"这个数,它的真因数有 1、2,其和是 3,比 4 本身小,像这样的自然数叫亏数;而"12"这个数,它的真因数有 1、2、3、4、6,其和是 16,比 12 本身大,像这样的自然数叫盈数。所以,完全数就是既不盈余,也不亏欠的自然数。完全数非常契合中国传统文化的中庸之道,因此为人们所推崇。

"完全数要怎么去找出来呢?"小强跃跃欲试。

据周老师介绍,完全数数量很少,寻找新的完全数非常困难。经过不少数学家研究,到目前为止,一共找到了 51 个完全数。前面 9 个完全数从小到大排列如下:

第一个是 6

第二个是 28

第三个是 496

第四个是 8128

第五个是 33550336

第六个是 8589869056

第七个是 137438691328

第八个是 2305843008139952128

第九个是 2658455991569831744654692615953842176

由于后面的完全数数位较多,到第三十九个完全数有 25674127 位,据估测,如以四号字打印出来,相当于几本字典大小的书。

"那这些完全数是怎么找出来的?"小强好奇心重,问个不停。

"完全数诞生后,吸引着众多数学家与业余爱好者像淘金一样去寻找。个位数里只有一个 6,十位数里也只有一个 28,第三个是百位数 496,第四个 8128 是千位数。它们具有一致的特性:尾数都是 6 或 8,而且都是偶数。到了第五个完全数,一下子跳跃到了 8 位数。这个完全数的发现很奇异,是有人偶然发现在一位无名氏的手稿中,竟神秘地给出了完全数 33550336。它比第四个完全数 8128 大了 4000 多倍。跨度如此之大,在没有计算机的时代可想而知发现者的艰辛了。可惜手稿里没有说明他是用什么方法得到的,也没有公布他的姓名,至今使人迷惑不解。电子计算机问世后,人们借助这一有力的工具继续探索。笛卡儿曾说过：'能找出的完全数是不会多的,好比人类一样,要找一个完全人亦非易事。'"周老师侃侃而谈。

"我发现一个很有意思的现象。"小明叫了起来。

"你发现什么了?"同学们围住小明。

"你们看,$6=1+2+3,28=1+2+3+\cdots+6+7,496=1+2+3+\cdots+30+31,8128=1+2+3\cdots+126+127$。是不是每个完全数都是这样的?"小明向周老师求助。

"是这样的,这是完全数的特有性质。"周老师说着,在纸上又写出几个等式：

$1/1+1/2+1/3+1/6=2$

$1/1+1/2+1/4+1/7+1/14+1/28=2$

$1/1+1/2+1/4+1/8+1/16+1/31+1/62+1/124+1/248+1/496=2$

$28=1^3+3^3$

$496=1^3+3^3+5^3+7^3$

$8128=1^3+3^3+5^3+\cdots+15^3$

$33550336=1^3+3^3+5^3+\cdots+125^3+127^3$

$6=2^1+2^2$

$28=2^2+2^3+2^4$

$496=2^4+2^5+2^6+2^7+2^8$

$8128=2^6+2^7+2^8+2^9+2^{10}+2^{11}+2^{12}$

$33550336=2^{12}+2^{13}+\cdots+2^{24}$

看着这些等式,同学们满脸惊异之色,觉得完全数真的太神奇了。小丽发现,这些完全数都是以 6 或 8 结尾,并且如果是以 8 结尾,那么就肯定是以 28 结尾;小琴发现,这些完全数中,没有一个是奇数;小强更厉害,竟然发现除 6 以外的完全数,把它的各位数字相加,直到变成个位数,那么这个个位数一定是 1。例如:

28:2+8=10,1+0=1

496:4+9+6=19,1+9=10,1+0=1

8128:8+1+2+8=19,1+9=10,1+0=1

33550336:3+3+5+5+0+3+3+6=28,2+8=10,1+0=1

看到同学们积极开动脑筋,周老师很欣慰。他对同学们的发现一一做了肯定,进一步指出,除了这些规律,完全数还有许多很有趣的性质,并且还有一些疑难问题没有解决。

"有什么疑难问题?"听小明的口气,好像他能解决一样。

"第一个问题是到底有多少个完全数。数学家倾向于认为完全数是无限的。第二个问题是有没有奇完全数。奇怪的是,已经发现的 51 个完全数都是偶数。会不会有奇完全数存在呢?这成为数论中的一大难题。数学家只知道即便有,这个数也是非常之大,并且需要满足一系列苛刻的条件。如果存在奇完全数,它必须大于 10^{300}。这个数大到什么程度很难用具体物质来形容。第三个问题是有没有 6 和 8 以外数字结尾的完全数;第四个问题是为什么完全数和质数是有关联的,它们之间的研究是相互促进的。总之,关于完全数的奥秘有很多,你们现在打好数学基础,以后有许多数学难题等待你们去攻克。你们有没有信心?"周老师满怀期望地说。

"有!"小明和小强异口同声地喊出来。

"我现在就回家去,要揭露妈妈用完全数做网名后缀的小秘密。"小琴说着往门外走去,引得师生们都笑了起来。

6 恒驻尾数

　　小明是新城小学六年级数学兴趣小组骨干,对数字很着迷,常常对着一串串数字发呆,被同学们称为"数呆子",他也不在乎,继续按他自己的方式探索"数海"。

　　一天下午,数学兴趣小组活动时,小明发现了下面一组有趣的等式:

$$5^2 = 25$$

$$15^2 = 225$$

$$25^2 = 625$$

$$35^2 = 1225$$

$$45^2 = 2025$$

　　小明连忙把小强、小丽等同学叫过来,指出以 5 为尾数的数的平方,其乘积的末尾两位数一定是 25,那么这是不是一个普遍规律呢? 大家分别行动起来,小强算以 5 为尾数的其他两位数,小丽随机挑了几个三位数,算出来的结果都符合这一规律,这下把大家的兴趣调动起来了。大家盯着这组等式看,既然等式前尾数 5 变成等式后尾数 25 是规律,那么等式前的一组数(0,1,2,3,4)和等式后的一组数(0,2,6,12,20)之间有没有联系呢? 看着看着,看出门道了。小明在黑板上写出下面一组等式:

$0 \times 1 = 0$

$1 \times 2 = 2$

$2 \times 3 = 6$

$3 \times 4 = 12$

$4 \times 5 = 20$

这下大家都明白过来了,这组等式的第一个数就是第一组括号内的数,这组等式的乘积就是第二组括号内的数。大家又拿 55,65,75,85,95 验算了一遍,发现都符合此规律,这下教室里沸腾了。

小强兴奋地说:"知道了这些,就可以速算了。"小明并没有为这点小小的发现所陶醉,他继续分析:"以前面计算的那些平方值为例,尾数是 5 的数的平方值全部以数字 25 结尾,那么尾数是 25 的数会不会也存在某种规律呢?"他的疑问一提出来,小强马上说:"那我们来算一算。"几个人各算各的,只一会儿时间,许多结果就出来了:

$25 \times 25 = 625$

$425 \times 425 = 180625$

$3225 \times 3225 = 10400625$

$87025×87025＝7573350625$

哇,大家都喊叫起来,像哥伦布发现新大陆一样兴奋。小明冷静下来后,说:"既然尾数是 25 的数有这个规律,那我们再来找找其他数。"

"要找就从一位数找起,一位数中,5 显然符合这个规律。"小强反应算快的。

一位数就 0,1,2,3,4,5,6,7,8,9 这 10 个数,试一试就知道了,结果马上出来了:0,1,5,6 这 4 个数符合这个规律。

"我们来找两位数吧!"小明招呼大家。

"两位数有 90 个数字,要一个个试过去可得花不少时间。"小丽提醒。

"没那么复杂,既然一位数只有 0,1,5,6 这 4 个数符合这个规律,那么两位数中,只要考虑 0,1,5,6 结尾的数就好了。这样算下来,我们只要试 $4×9＝36$ 个数就可以了。"小明提示。

"我们分工吧,我算以 0 结尾的数。"小强说干就干,很快,以 0 结尾的 9 个数都算完了,小强两手一摊,说:"都不符合规律。"

小丽选择以 1 结尾的 9 个数,算起来稍慢,等她算完,也没有新发现。

以 5 结尾的两位数,已经有结果了,前面已经发现了 25 这个特殊数。

小琴选择以 6 结尾的 9 个数,算着算着,她突然大叫一声:"有了!"把大家都吓了一跳。见同学围拢过来,小琴高叫:"我发现了 76。"

小明在黑板上写下 $76×76＝5776$，发现果然符合规律，又找了几个其他数验算，$876×176＝154176$，$5476×3676＝20129776$，都没问题。小明就宣布，两个尾数是 76 的数字的乘积，其尾数还是 76，两位数中有且只有 25,76 这两个数是特殊数，因为只有这两个数符合尾数相乘后积的 2 位尾数不变。不等小明说完，现场一片欢腾。

"两位数找完了，那我们是不是趁热打铁，找找三位数中有没有这类数。"小强提出建议。

"三位数有 900 个数，一个个找过去也太难了。"小丽嘀咕一声。

"不难，不用把 900 个三位数都测试一遍，同样道理，三位数中如果有这样的数，那么其 2 位尾数一定是 25 或者 76。"小明像个老师，越来越自信了。

"你这样一说，我就懂了，那就缩小范围找吧。"小丽不停点头。

很快，三位数找完了，结果和两位数一样，满足条件的三位数也只有 2 个，分别是：625,376。其中 $625×625＝390625$，$376×376＝141376$，小明又仔细核对了一遍，确定无误。同学们又是一阵惊叹。

接下来自然而然会想到哪些四位数属于这类数，哪些五位数属于这类数，以及以后的很多位数有没有这类数。同学们找啊找,从三位数的 625 可以找到四位数 0625,然后可以继续找到五位数 90625,一直找下去,惊讶地发现:259918212890625 是这类数中唯一一个以数字 5 结尾的 15 位的数。

这个结果太让人不可思议了!虽然你根本不知道尾数前面的数字,但是你可以确定这一连串神秘数字的结尾!此时此刻,数学世界中那些含苞的花朵似乎正悄然绽放在同学们的面前。这是些什么数啊?该叫它什么名呢?这样不断找下去会发生什么?这些尾数之间是不是存在某种关联?

新的问题接二连三提出来,小明没招了,只能跑到教师办公室,把周老师请出来。

周老师来到现场,听明情况介绍,大吃一惊,满脸惊讶地说:"你们太厉害了,真是初生牛犊不怕虎,你们找出来的数,有个专用名字,叫恒驻尾数,是许多数学家在研究的。这类数有其特征,而且每个恒驻尾数都会'继承'上一个长度的恒驻尾数的某些特征。"

"恒驻尾数?这个名字听起来怪怪的。"小明小声嘀咕。

"您不会是想自己给它取个名吧?"小强开起玩笑。

"别乱说,先听周老师说完。"小丽提醒。

周老师竖起大拇指说:"你们发现了前面的很多恒驻尾数,有没有感觉到似乎数字世界那扇神秘的大门已经向你们敞开,门内的深刻思想正在向你们招手。"见同学们似懂非懂,周老师继续说:"不知道你们有没有发现,恒驻尾数是有规律的,这个规律优美无比、震撼人心。"

"是什么规律,快教给我们。"小强急不可耐。

"别急,等你们进入大学学习数论课程时,会学到中国余数定理,就能解开这个数学规律背后的秘密,就能弄清这个规律的成因,并找到证明方法。但现在对你们来说,这些规律并不重要。数学游戏的乐趣就在于不断发散那些奇思妙想,看看它们到底能走多远。"周老师慈爱地看着面前的学生,对他们对知识的渴求赞不绝口,"你们已经能注意到一些数字规律,并且连续问了一些'为什么',说明你们已经参与到数学游戏之中。你们执着的态度、探索的过程,将全部得到回报,收获惊喜和快乐,并且使你们离真理更近一步。最终,这些更上一层楼的数学技巧可以给予你们一种全新的成长体验。"

看到同学们频频点头,周老师欣慰无比。这时,放学铃声响了,同学们只好依依不舍地告别老师,走出教室。

7 数字谜语

新城小学六年级数学兴趣小组的活动如火如荼地开展起来,这天下午,周老师征求同学们对兴趣小组近期讨论主题的意见,小丽第一个站起来发言。

小丽说:"最近,我们接触的都是神秘数、阿拉伯数字、无理数、π、完全数、恒驻尾数等概念,弄得我满脑子都是数字,连做梦都是数啊数的,是不是能换个频道,放松一下神经。"

"可以啊,我们将关于数字的知识先放一放,来讲讲数学中的语文知识。"周老师接受小丽的意见。

"不对啊,周老师是教数学的,难道还能教语文?"小强提出了疑问。

"语文和数学本来就是紧密相连的,对我们小学生来说,是不能割裂开的。"周老师和颜悦色地回答。

小琴首先鼓掌,说:"那请周老师给我们讲讲语文知识。"

周老师说:"既然大家热情这么高,我也不能扫大家的兴,我不讲语文课的理论,但可以和大家一起玩玩数字谜语、数字成语。"

"数字谜语?数字成语?这太好玩了。"同学们一致叫好。

"这样好了,我们采用互动的方式,由我来出一些数字谜语,就是谜面都是数字和运算符号,谜底却大多是四个字的成语,由大家来猜,重在参与,好不好?"周老师征询大家意见。

同学们都觉得好奇。小明抢着说:"好啊,老师先出一题试试看,看要怎么样猜。"

周老师转身在黑板上面写下"0000",要大家猜谜底,是一个四个字的成语。

同学们挤上前来,对着"0000",交头接耳不知道要怎么猜。还是小明反应快,他喃喃自语道:"0代表没有,也可以说是'空',连续四个空,那不是'四大皆空'这个成语吗?"

小明说出"四大皆空",同学们觉得有道理,但也不敢肯定,直到周老师竖起大拇指点赞,同学们才爆发出一阵掌声。

小琴说:"原来是这样理解的,我明白了,周老师快出下面的题吧!"

周老师出的第二个题是"0+0=0"。

这下小强开窍了,他抢着说:"这一题都是0,什么也没有,那就是'一无所获'啊。"说完就朝着周老师看。

周老师说:"小强自从参加数学兴趣小组后,头脑灵活多了,真是士别三日,当刮目相看,不简单。"

"我是瞎猫碰着死老鼠,蒙对的。"小强讪讪地笑着。

第三题是"1×1＝1"。

小琴抢答:"这个我知道,1乘任何数都是不变的,何况是1乘1呢,这是'一成不变'。"小琴得分了,兴奋得跳了起来。

周老师接着出的"1∶1",谜底是"不相上下",是小丽猜中的。

"1/2"这道题比较简单,小强一看到周老师在黑板上写出来,就报出答案"一分为二"。

紧接着"1＋2＋3"这题,谜底是"接二连三",是小琴答对的。

当小强将"3.4"的谜底"不三不四"报出来后,他高兴得蹦蹦跳跳,并故意在小明面前挥了挥拳头,引起小明不满。小明讥笑道:"你得意什么,我早知道这题的答案了,我是让给你的。"小强正要回击,被小丽拉开了。

下面一题"33.22",很快有结果了,谜底是"三三两两"。

接下来的题是"2/2",大家一下子被难住了。小琴走上前来,看看小丽,自言自语道:"我和小丽是朋友,两个人好得像一个人一样。对了,这一题的谜底不就是'合二为一'嘛。"

周老师赞扬道:"像小琴这样现身说法,好得很,值得大家学习。"

小琴哈哈大笑道:"真开心,如果每天都这样开心的话,我今年的考试成绩一定会更好。"

后面的谜面"20÷3",被猜出谜底是"接连不断"。

"1＝365"，则被猜出谜底是"度日如年"。

当小强又答出"9寸＋1寸"的谜底"得寸进尺"时，对着小明瞪了瞪眼。小明毫不退让地也对着小强瞪着眼，仿佛在说，你不要得寸进尺了。

谜面"1÷100"一报出，小丽就答出谜底是"百里挑一"。小琴赞叹道："小丽之美，百里挑一。"小丽听了，羞得满脸通红。

说到"2,3,4,5,6,7,8,9"，被猜出谜底是"缺衣少食"后，周老师说："这里面有个故事。"听说有故事，同学们都竖起耳朵，等着周老师说下去。

周老师说："当过北宋两朝丞相的吕蒙正，少年时父母双亡，家境十分贫寒。长大以后，家里也没什么起色，还是穷得叮当响。有一年过年的时候，家中空无一物。吕蒙正悲伤之余，别出心裁地创作了一副由数字组成的对联，这副奇怪的春联在家门口贴出来以后，不一会儿，就围了一大群看热闹的人。大伙儿莫名其妙，猜不出这副对联'葫芦里卖的是什么药'，都站在那儿瞎嘀咕。上联'二三四五'，缺什么？缺一。下联'六七八九'，少什么？少十。简而言之，是缺一少十。一与衣，十与食谐音，其意就是'缺衣少食'。而横批是'南北'，不正是'没有东西'吗？它表达的意思就是'缺衣少食、没有东西'，充分表达了吕蒙正对当时社会现实的不满和讽刺。这是一副漏字联。漏字联是对联的一种特殊创造方法。作者会选用人们的通常用语，有意漏掉一两个字，让读者去猜想，这也是一种谜语联。当读者猜透了作者的用意之后,顿感作者构思之奇妙,可谓神来之笔。吕蒙正巧妙地运用对联谜,诉说了自己生活的困苦。短短一副对联,说尽世态炎凉。"

听周老师说完,同学们都啧啧称奇,连称想不到这一串数字,还有这样的故事。过了一会儿,大家才回过神来,继续猜题。

"5,10",谜底是"一五一十";

"1,2,3,4,5,6,0,9",谜底是"七零八落";

"1,2,4,6,7,8,9,10",谜底是"隔三岔五";

"7/8",谜底是"七上八下";

"2,4,6,8",谜底是"无独有偶";

"4,3",谜底是"颠三倒四";

"8,9,10",谜底是"八九不离十";

"3×24",谜底是"三天三夜";

"1,3,5,7,9",谜底是"出奇制胜";

"1,2,3,…",谜底是"有头无尾";

"0=0",谜底是"双目失明";

"9×9=1",谜底是"九九归一"。

这些谜语都被同学们一一猜了出来。

最后,周老师问大家:"这样的学习方式好不好?"

小丽说:"这个太好玩了,不仅学到了知识,还寓教于乐,我们都很喜欢。"

小明开玩笑说:"数学老师做语文老师的事,语文老师还怎么活？"

　　周老师也笑着说："这可不是我的错，主要是中华民族的文化底蕴太深厚了，其中的成语包罗万象，无处不在，每一个成语都有一个故事。数学和语文是不分家的，要学好数学，必须有好的语文基础，反之，学好数学，能更好地促进语文知识的学习。两者是相辅相成，不矛盾的。"

　　这时，校长发来信息，要周老师过去商量教学上的事，当天兴趣小组的活动就宣告结束。

8 数字成语

教数学的周老师,和数学兴趣小组的学生玩数字谜语,同学们都觉得有新意,学习情绪更充分地被调动起来了。又一次兴趣小组活动时,周老师举着手里的一张图,对同学们说:"这张图里面有九个格子,每个格子里都有些数字,9个格子藏了9个成语,你们来猜猜看,看能猜出几个,如果谁能全猜出来,说明文化水平相当牛。"

说完,周老师要小明过来帮忙,把这张图挂在黑板上。同学们围上来,近前一看,图是这样的:

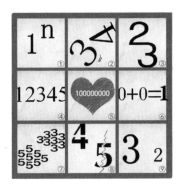

小明帮周老师挂好图后,指着座位上的同学,说:"周老师是要考考你们,看你们数字成语的水平到底如何。"

小强脱口而出:"颠三倒四。"

"什么,你说我颠三倒四?"小明对小强怒目而视。

小强解释说:"我是说第二个格子的成语是'颠三倒四'。"

同学们细细一看,"颠三倒四"还真是反映出了第二格的情况。小明不好意思地笑着向小强道歉,说了声"原来如此"。

小丽说:"受到小强的启发,我猜第三格是'接二连三'。"

"你们看,第五格,100000000,那不是一亿嘛,还有一颗红心,连起来就是'一心一意'啊。"小琴兴高采烈地说。

同学们都说对啊。小明指着第八格说:"一个4,一个5,4有点分开,5好像被雷劈一样的,裂开了,不就是'四分五裂'嘛。"小明高兴得手舞足蹈。

新加入兴趣小组的小伟急了,心想,容易的都被你们先做了,我就专攻第七格吧,嘴上默念着:"8个3,8个5,数量够多的,可以建一个微信群了。"说到这里,猛然一拍大腿,大声叫道:"这不就是'三五成群'吗?"

周老师过来点点头说:"不错,是'三五成群',但你也不要太激动,影响其他同学的思路。"

小强兴致勃勃地说:"还有哪些没做出来,我再来试试。"

周老师说:"到现在,还有一、四、六、九,这四格还没有正确答案。"

小强盯着第六格不放,0 加 0 等于 1,0 代表没有,1 代表有了,从无到有,这不是'无中生有'嘛。他就问周老师'无中生有'是不是成语,见周老师竖起了大拇指,小强高兴得跳了起来,落地时差点摔倒。

小明心想,小强都猜出两题了,我不能比他落后啊,不然太没面子了。看看第一、第四题比较难,就盯紧第九题,一个 3,一个 2,3 高大一点,像我们男生,2 矮小一点,像她们女生,一大一小,一高一低,一粗一细,一长一短,有了,"三长两短"不是句成语嘛。小明招手让周老师过来评判。周老师过来看了后,给予肯定答复。小明长吁一口气,掏出纸巾擦了擦汗。

同学们被第一、第四题难住了,周老师说:"我提示一下,大家都知道,1 的任何次方都是 1,往这个方面去想。"

小强说:"一望无际,表示 1 很多。"周老师摇摇头。

小丽说:"始终如一,不管怎样都是 1 啊。"周老师说,"可以这样理解,这个成语不错,还有没有更贴切的呢?"

"一成不变!"小伟拍着双手脱口而出。周老师说:"我觉得'一成不变'更形象,'始终如一'也算对的,这就是语文题的特点,答案不是唯一的,只要能够解释得通就好。"小丽和小伟都表示接受周老师的观点。

小明高声叫道:"快来看,快来解,12345,猜成语,难住了。"

小琴口中念念有词:"12345,和是 15,一五一十? 不对。"小琴自己摇摇头。

小丽喃喃自语："12345,一只手啊,一手遮天? 也不对。"小丽也摇摇头。

小伟小声嘀咕："12345,这样一直往前,一往无前,好像也勉强。"小伟无奈地摇摇头。

这时,还有猜"五子登科""五谷丰登"的,这些结果引得同学们哄堂大笑。

一直坐在板凳上默不作声的女同学小芳,听到大家在念12345,也念起来,小芳说："12345,上山打老虎,老虎打不到,打到小松鼠,松鼠有几只,让我数一数。"小芳说着扳起手指头,扳着扳着就突然想到,这句成语用"屈指可数"不是很合适嘛。小芳就站起来,对着周老师高喊："我猜这个答案是'屈指可数'!"

周老师带头为小芳鼓掌,其他同学静了一会儿,等到弄清楚事情的原委,全场爆发出热烈掌声。小芳脸都红了,双手掩脸,坐了下来。

九个成语全部答出来了,周老师见同学们热情高涨,露出了欣慰的微笑。小明说："成语是语言中经过长期使用、锤炼而形成的固定短语,没想到,数学还可以和语文知识中的成语结合起来,真新奇。"

周老师说："不仅如此,数学是美学,有数字之美、图形之美、公式之美、虚实之美、惊奇之美,以后我们会一一讲到。惊奇之美你们这段时间感觉到了吧,它有时会伴随感官之美而产生。看到一串神秘数字,一个漂亮图案,一组数字成语,你可能想知道这是怎么形成的。听到一段振奋人心的和声,你可能想知道为什么这段音乐如此慷慨激昂。这些'为什么'将引发你和数学之间的思想对话。惊奇之美有时也会独立于感官之美而产生。比如能量和质量之间转换关系的公式 $E=mc^2$,就包含了数学、物理学、化学、生物学等知识体系。你会惊奇于自然界中这么重要的因果关系,用如此简单的数学公式就可以揭示出来吧。你不仅要欣赏等式的书写形式,而且要欣赏等式中包含的思想,要思索能量和质量之间转换的奥妙。你会赞叹少许的质量居然可以等于庞大的能量。这就是数学的奥秘,这就是数学之美。"

看到同学们听得津津有味,周老师最后说:"既然大家对这样的活动感兴趣,那我们以后就多组织,我们下次来解答诗句里的数学,大家说好不好?"

同学们都说"好",说完了,发觉放学时间也到了,都背起书包回家了。教室里复归宁静。

9 诗题

新城小学六年级数学兴趣小组的活动越来越丰富,继前几天竞猜数字谜语和数字成语后,接着又上了一堂诗句里的数学课。

听周老师说要用诗句的形式出数学题,同学们都来了兴趣,围绕在周老师身边,催他先把诗题亮出来。

周老师不慌不忙地指了指学校对面的钱塘江,在黑板上写下一首诗:

对江有塔高七层,

点点红光倍递增,

共灯三百八十一,

请问塔尖灯几何?

写完后,周老师转过身来说:"大家看清楚了吗?我解释一下,有7层塔,一共亮着381盏灯,从上到下每层的灯数是成倍递增的,现在问你们,最上面一层有几盏灯?"

同学们说听明白了,可是这该怎么做呢?

小强对小明说:"你在我们班里数学水平最高,你说说看,塔尖有几盏灯?"

小明回答:"我一下子还没算出来,但我觉得已经想到办法了。"

"还是请周老师提示一下吧。"小琴觉得无能为力。

"不用"两个字刚说出口,小明不禁一拍脑袋,说:"有了,我知道答案了。"接着哈哈笑了起来。

"快说说答案是多少?"小强追问。

"最上层是 3 盏灯。"小明回答。

小强说:"你不会是蒙出来的吧? 你倒是解释一下算的过程。"

小明一本正经地说:"我先假设塔尖(第一层)是 1,那根据题意,第一至第七层就是 2,4,8,16,32,64。这 7 层之和为 $1+2+4+8+16+32+64=127$,因为 127 是 381 的 1/3,所以第一层,也就是塔尖是 3 盏灯,就这么简单。"

"对啊,我怎么没有想到呢。"小强自叹不如。

周老师先是表扬了小明,接着分析道:"小明提到的 1,2,4,8,16,32,64 在数学上叫数列,这个数列的特点是,其后面项都是前面项的 2 倍,这是公比为 2 的等比数列。这个数列非常有意思,有一个规律,就是前面几项之和比后面一项少 1。"

"等一下,我来验算一下。"小强有点不相信,就算起来:1+

2＝3,比 4 少 1;1＋2＋4＝7,比 8 少 1;1＋2＋4＋8＝15,比 16 少
1;1＋2＋4＋8＋16＝31,比 32 少 1。算到这里,小强信服了,嘟
哝道:"还真是这样。"又补上一句:"根据这个规律,前面 1＋2＋
4＋8＋16＋32＋64＝127 可以立即得出来,因为 64 后面一项是
128,128－1＝127。"

周老师对小强竖起大拇指,表扬他会动脑筋,接着说:"这个
公比为 2 的等比数列在现实生活中经常会遇到,非常重要,我想
下次专门讲一讲,今天还是回到诗题上来。"

"是啊,周老师还是再出一个诗题吧。"小丽跃跃欲试。

周老师看大家情绪高涨,就抬头看看天上,吟出四句诗来。

天上白鹭成队飞,

三四五六七八只,

首尾二鸟作接应,

一共数数有几多?

然后补充道:"诗题已经出了,提醒大家一句,这个结果是一
句成语,现在看你们谁能首先算出来。"

周老师话音刚落,小丽就笑着说:"这不就是百鸟朝凤吗,就
是说这队白鹭一共有 100 只。"

小琴表示不理解,就问小丽是怎么算出来的。

小丽得意扬扬地说:"白鹭成队飞,三四五六七八,就是说三
排是四只的,五排是六只的,七排是八只的,再加首尾二,你算
算,是不是正好 100 只。"

小琴扳着手指头一算,3×4+5×6+7×8+2,还真是100只,就连忙说:"佩服!佩服!"

小强刚才受到周老师表扬,很兴奋,刚要向周老师发问,却听周老师说:"我口渴了,小强你去老师办公室倒2壶水来喝。"

"我拿什么容器盛水?"小强问。

周老师指了指旁边的2只水壶,小强拎起水壶就走,却被周老师叫住了。周老师指着这2只水壶说:"现在这里只有2只空水壶,容积分别为5升和6升。小强你必须只用这2只水壶从办公室里取得3升的水回来。"

小强拎着2只空水壶,愣住了,想了一会儿还是没想明白,只好说:"周老师,你这不是为难我吗? 5升和6升的水壶怎么能取得3升的水回来?"

周老师也不解释,继续问其他同学谁能取回3升的水。见大多数同学都在那里摇头,周老师刚想提示,后排的小伟走上前来说:"这个简单,我去取来吧!"

周老师欣慰地点了点头,派小伟去完成这个任务。

过了一会儿,小伟果然拎着1只空水壶,1只装有部分水的水壶回来了。周老师看了看,露出满意的笑容,对小伟一阵夸赞。

小强听不下去了,高声叫道:"我不服气,周老师怎么知道这水壶里一定是3升水?"也有一些同学附和着小强的疑问。

周老师对小伟说:"你给他们解释一下。"

小伟对同学们拱拱手说:"我是这样做的:第一步,先用5升壶装满水后倒进 6 升壶里;第二步,再将 5 升壶装满水后向 6 升壶里倒,使 6 升壶装满为止,此时 5 升壶里还剩 4 升水;第三步,将 6 升壶里的水全部倒掉,将 5 升壶里剩下的 4 升水倒进 6 升壶里,此时 6 升壶里只有 4 升水;第四步,再将 5 升壶装满水,向 6 升壶里倒,使 6 升壶里装满为止,此时 5 升壶里就只剩下 3 升水了。"

说到这里,小伟又补上一句:"我将 6 升壶里的水倒光,拎着 5 升壶里的 3 升水就回来了。"

这时,同学们不约而同地爆发出热烈掌声,小强竖起大拇指对小伟说:"厉害! 厉害!"小伟憨厚地笑了起来。

周老师接着说:"小伟的做法很对,一步一步思路很清晰,当然,也还有其他方法,但都是通过这样倒来倒去完成的。这就说明了一个道理,什么事都必须多动脑筋解决。"

"真好玩。"小丽啧啧称奇。

"这就是趣味数学,也可以说是数学游戏,学数学不能死记硬背,而是要不断探究,去寻找规律,善于归纳总结,从特例中推断出一般结论,就是所谓猜想。数学游戏的结局通常都蕴藏着有趣的规律。我们以后会不断提到。"说到这里,周老师把话题拉回来,又给同学们出了一个诗题,教室里传出阵阵欢笑声。

10 数列

新城小学要举办运动会,报名参加乒乓球比赛的有 32 个人,周老师将名单交给小明,要他将比赛场次排出来,看一共有多少场比赛。

"我需要知道比赛规则。"小明问得直截了当。

"都采用淘汰制,胜者晋级,负者淘汰,直到决出冠亚军,另加一场季军争夺战。"周老师将赛制和盘托出。

"那太简单了。"小明转身在黑板上写起来:

第一轮是 32 进 16 比赛,16 场;

第二轮是 16 进 8 比赛,8 场;

第三轮是 8 进 4 比赛,4 场;

第四轮是半决赛,2 场;

然后是三、四名决赛,1 场;

最后是冠亚军比赛,1 场。

$1+1+2+4+8+16=32$。

看到这样的结果,同学们都叫了起来,这也太巧了,32 名选手,刚好是 32 场比赛。会不会是巧合呢?同样赛制情况下,小明将选手定为 64 人,发现比刚才增加了 32 人,比赛场次也增加 32 场;又将选手减少到 16 人,比赛场次也减少 16 场。选手人数和比赛场次数还是一样的,说明这是个普遍规律。

"我懂了,下次我知道了,体育比赛进入淘汰赛后,剩下几支队伍,我用不着算就知道还有几场比赛可看。"小强一下子明白过来。

"我也懂了,知道为什么重大比赛进入淘汰赛后,留下 16 支队伍或者 8 支队伍的情况比较多。"小丽恍然大悟的样子。

"我还没有理解这一点,小丽你解释一下。"小琴央求道。

"如果不是像 64,32,16,8 这样的队伍数,比到后面就会出现奇数(单数),两两捉对比赛就不好安排。"小丽俨然是个体育迷。

同学们总结出的经验有没有理论依据呢?大家用探询的目光注视着周老师。

周老师走到讲台上,首先对同学们的探索精神表示肯定,然后在黑板上写下一列数 1,1,2,4,8,16,32,64,…,转身告诉大家:"刚才的问题可以转化为这样一列数,这列数中,前面任意几个数的和等于后面的数:$1+1=2,1+1+2=4,1+1+2+4=8$,…。因此你们前面得出的结论是对的。数学就是要将现实生活中的问题转化为一般规律,像 1,2,4,8,16,32,64,…,数学上称之为数列。"

"数列？没听说过,这学起来很难吧?"小琴怯声怯气地问。

"说难也难,说容易也容易。不过我们今天不讲数列的一般理论,而是专门来讨论 1,2,4,8,16,32,64,…,这个公比为 2 的等比数列,因为它非常重要,也很有趣。"周老师回答。

"公比为 2 的等比数列,这个请再解释一下。"小强举手。

"这个数列,后一项的数都是前面项的 2 倍,所以称为公比为 2 的等比数列。"周老师耐心解释。

"我发觉,这个数列,前面几项倒也平常,但到后面,数字越来越大,会变成极大的数字,超出我的想象。"小明面露惊讶之色。

"不至于吧,不过是乘上 2 而已。"小强不以为然。

"我们来举个实例。"周老师拿来一张国际象棋的棋盘,整个棋盘是由 64 个小方格组成的正方形。周老师指着棋盘上的格子说:"如果在第一个小格内,放 1 粒麦子,在第二个小格内,放 2 粒麦子,在第三个小格内,放 4 粒麦子,照这样放下去,每一小格内都比前一小格多 1 倍。你们可知道这样放满 64 个小方格需要多少麦子吗?"

"这样应该不多吧。"旁边的同学交头接耳起来。

周老师说:"我算给你们看,放满 64 个小方格的麦子数可写为:$1+2+2^2+2^3+2^4+\cdots+2^{62}+2^{63}$。这个算式的结果你们应该知道了,谁能告诉我吗?"

"上式的结果为 $2^{64}-1$。"小明说出了结果。

"2 的 64 次方再减 1,这个数字有多大呢? 我没有这个概念。"小强讪讪地笑着。

"这个数字是 18446744073709551615,是个 20 位数字,也就是需要的麦粒数。"周老师写出了一长串数字。

"这一长串数字具体是多少?"小琴追问。

"这串数字所表示的麦粒数,相当于全世界在 2000 年内所生产的全部小麦。你们说,这是不是天文数字?"周老师反问大家。

"啊?"同学们都惊叫起来。小强拍拍脑袋,说:"真是不算不知道,一算吓一跳。看来,天文数字就在我们身边啊。"

周老师说:"比如中国改革开放后的经济增长速度,就是近似于等比数列,几年总量就可以翻一番,四十多年下来,就发生了天翻地覆的变化。又比如金融上的复利,也是等比数列,当利息较高时,利滚利,增加起来是非常快的。"

"怪不得常听说民间的高利贷可以逼死人,现在我懂了。"小明拍拍脑袋。

"现在我们反向操作。"周老师拿出一根绳子,先对折剪去一半,再将剩下的一半继续对折剪去一半,如此进行多次后,周老师要小强将每次剪去的数量记录下来,小强写出的一列数是:

1/2,1/4,1/8,1/16,…

周老师指着这个数列,要大家和 2,4,8,16,… 做比较,说:"两个都是等比数列,就是反了个向,一个是递减的,不断减半,直到趋向于零，一个是递增的，不断加倍增加，数字越来越大。那么 1/2＋1/4＋1/8＋1/16＋…，这样一直加下去的和是什么数呢？谁能回答出来吗？"

"1/2＋1/4＋1/8＋1/16＋…＝1。"小明脱口而出。

"为什么等于1?"小琴还没有反应过来。

"这样一直剪下去，手上的绳子都剪光了，剪去的绳子还不是等于整根绳子吗?"小明反问。

"对啊，我前几天过生日分蛋糕，也是这样一半一半分下去，最后就分光了。"小琴如梦初醒。

"可不是吗，我们有一次去田园劳动实习，也是先将面积划出一半，完成后再划出剩下部分的一半，余下的面积越来越少，最后一举拿下，事情虽然不同，道理是完全一样的。"小丽一边说，一边还在黑板上画出示意图。大家看到图示，一目了然。

小强拿来一张纸，对折，再对折，一直到折不下去为止，然后摊开，还原成一张纸。他似乎在表演哑剧，但意思不言自明。

周老师鼓掌表扬，一一点评，为同学们的领悟能力叫好。同时指出，关于这两个数列，还有许多其他有趣的性质，希望大家能继续探索下去。说完，周老师忙其他事去了，留下兴趣小组的同学自由发挥。

11 质数

新城小学六年级数学兴趣小组活动日,周老师一进门,就开门见山,说:"我们前段时间组织了一次数字谜语,一次数字成语,一次诗词中的数字活动,现在回过头来,还是再来讲讲有关数字的知识。"

小明对数字特别感兴趣,听周老师这样说,正对胃口,连忙凑上去问:"那今天讲什么数?"

"质数,你们听说过吗?"周老师询问大家。

大部分同学摇着头,只有小明说:"听是听说过,但也只是知道点皮毛,请老师教我们。"

周老师说:"我们先把数理一理,1,2,3,4,5,…这样的数字,叫自然数,也叫整数。其中1,3,5,…叫奇数;2,4,6,…叫偶数,偶数是可以被2整除的数。一个数可以被另一个数整除,则称另一个数是这个数的因数,比如21=1×21,21=3×7,1,3,7,21是21的因数。有一种数,如2,3,5,7,11,13等,只能被1和它本

身,而不能被别的整数整除,这种数叫质数,也叫素数。除了 1
和它本身以外,还能被别的整数整除的,如 4,6,8,9,10,12 等,就
叫合数。一个整数,如能被一个质数所整除,这个质数就叫这个
整数的质因数。如 6,就有 2 和 3 两个质因数;再如 30,就有 2,3
和 5 三个质因数。通常规定 1 和 0 既不是质数也不是合数。"

"就是说,除了 1 和 0,其他自然数要么是质数,要么是合数,
两者必居其一。"小明这样理解。

"是的。根据质数的概念,可以很快得出 100 以内的质数有
25 个,分别是:2,3,5,7,11,13,17,19,23,29,31,37,41,43,47,
53,59,61,67,71,73,79,83,89,97。我用下面的 10×10 个方格
来表示。"周老师边说边在黑板上画出来。

100	99	98	97	96	95	94	93	92	91
65	64	63	62	61	60	59	58	57	90
66	37	36	35	34	33	32	31	56	89
67	38	17	16	15	14	13	30	55	88
68	39	18	5	4	3	12	29	54	87
69	40	19	6	1	2	11	28	53	86
70	41	20	7	8	9	10	27	52	85
71	42	21	22	23	24	25	26	51	84
72	43	44	45	46	47	48	49	50	83
73	74	75	76	77	78	79	80	81	82

从图上看,那些质数(带下划线)似乎出现在某些斜线附近
较多。

"我知道了 2 是最小的质数,最大的质数是什么?"小强首先想到这个问题。

周老师告诉大家,因为质数的个数是无穷的,所以最大的质数并不存在,这一点早在 2000 多年前,欧几里得已在其《几何原本》中给出证明。他用的是反证法,即假设质数是有限的,那么能推理出自然数也是有限的,而自然数显然是无限的,所以假设不成立,得出的结论是质数是无限的。

"反证法,我又学了一招。"小明默念着,记在心上。

"质数有什么特征呢?"小丽的兴趣上来了。

"质数具有许多独特的性质。"周老师一一道来,"第一,质数的因数(约数)只有两个:1 和它自己。第二,质数的个数是无限的,这一点前面已经说了。第三,任一大于 1 的自然数,要么本身是质数,要么可以分解为几个质数之积,且这种分解是唯一的,这一条是初等数学的基本定理,也就是说,数是可以因数分解的。第四,若 A 为正整数,则 A^2 到 $(A+1)^2$ 之间至少有一个质数。还有一些性质,较难理解,我就不再介绍了。"

"有没有特别的质数?"小琴插问。

"有,当然有。第一类质数叫孪生质数,是指一对质数之间相差 2,好像是孪生兄弟。例如 3 和 5,71 和 73,1310016957 和 1310016959 等都是孪生质数。是否存在无穷多对孪生质数,是数论中尚未解决的一个重要问题,而"存在无穷多对孪生质数"称为孪生质数猜想。第二类质数叫逆质数,是指顺着读与逆着读都是质数的数。如 1949 与 9491,3011 与 1103,1453 与 3541,等等。无重逆质数是数字都不重复的逆质数。如 13 与 31,17 与 71,37 与 73,79 与 97,107 与 701,等等。第三类质数叫循环下降质数与循环上升质数,是指按 1—9 这 9 个数码反序或正序相连而成的质数(9 和 1 相接)。如 43,76543,23, 23456789,1234567891。现在找到的最大一个循环上升质数是 28 位的数:1234567891234567891234567891。第四类质数是由一些特殊数码组成的数。如 31,331,3331,33331,333331, 3333331,以及 33333331 都是质数,但下一个 333333331 却是一个合数。特别著名的是全由 1 组成的质数,11 是质数,后来发现由 19 个 1、23 个 1、317 个 1 组成的数都是质数。"

"我们学习质数有什么用?"小强不合时宜地提出这个问题。

周老师并没有责怪他,而是和颜悦色地说:"质数在数论中处于基本的重要地位,质数研究是数论中最古老也是最基本的部分,其中集中了看上去极为简单却几十年甚至几百年都难以解决的大量问题。包括上面提到的孪生质数猜想及哥德巴赫猜想。"

"哥德巴赫猜想?就是被著名数学家陈景润证明过的那个猜想吧?"小明对此早有耳闻。

"是的,哥德巴赫猜想是世界近代三大数学难题之一。"周老师看到同学们对此兴趣盎然,就介绍起来。

哥德巴赫是德国一位中学教师,也是一位著名的数学家,出生于 1690 年。1742 年,哥德巴赫发现,每个不小于 6 的偶数都是两个质数之和,如 6＝3＋3,12＝5＋7,等等。哥德巴赫写信给当时的大数学家欧拉,提出了以下猜想:任何一个大于等于 6 的偶数,都可以表示成两个奇质数之和。这就是著名的哥德巴赫猜想。叙述如此简单的问题,连欧拉这样首屈一指的数学家都不能证明,这个猜想便引起了许多数学家的注意。从哥德巴赫提出这个猜想至今,许多数学家都不断努力想攻克它,但都没有成功。哥德巴赫猜想因此成为数学皇冠上一颗可望而不可即的"明珠"。

到了 20 世纪 20 年代,才有人开始向它靠近。1920 年,挪威数学家布朗用一种古老的筛选法证明,得出了一个结论:每一个比 6 大的偶数都可以表示为"9＋9"。这种缩小包围圈的办法很管用,科学家们于是从"9＋9"开始,逐步减少每个数里所含质因数的个数,直到最后使每个数里都是一个质数为止,这样就证明了"哥德巴赫猜想"。

"我看过徐迟写的报告文学《哥德巴赫猜想》,以陈景润为主人公,说陈景润是离摘取数学皇冠上的'明珠'最近的人。"小明对此记忆犹新。

"是的,目前最佳的结果是中国数学家陈景润于 1966 年证明的,称为陈氏定理,其结果是:任何充分大的偶数都是一个质数与一个自然数之和,而这个自然数仅仅是两个质数的乘积。通常都简称这个结果为大偶数可表示为'1＋2'的形式。这个结果离'1＋1'看起来是一步之遥,但这一步却是非常之难。最终会由谁攻克'1＋1'这个难题呢? 现在还没法预测。"说到这里,周老师一声叹息。

同学们陷入了沉思,周老师鼓励大家,说:"你们现在还小,我给你们讲这些,是希望你们能对数学产生浓厚兴趣,从小打好数学基础,长大像陈景润一样,去攻克数学难题。"见大家频频点头,周老师很欣慰,看看放学时间也到了,就结束了今天对质数知识的讲解。

12 平方数

春末夏初，新城小学六年级数学兴趣小组继续活动，周老师进来后先在黑板上写下几行字。

春

春梦

春月柳

春意盎然

春江花月夜

春水吹皱一池

春宵一刻值千金

春风桃李绿肥红瘦

春色满园关不住

春风夏雨秋月

春眠不觉晓

春暖花开

春鸟啭

春耕

春

"是不是春天到了,数学老师不教数学,来教我们写诗了?"小强开起了玩笑。

"不是的,我不教写诗,而是借这几行诗句,给你们分析这种结构的诗字数的规律。"周老师转过身来,解释道。

"字数的规律? 看不出有什么规律。"小强讪讪地笑着。

周老师介绍起来,这种诗体叫菱形诗,每行字数是 1,2,3,4,5,6,7,8,7,6,5,4,3,2,1,是按照规律排列的。这种结构的诗体的字数是:$1+2+3+4+5+6+7+8+7+6+5+4+3+2+1=64=8^2$。同样,如果这种诗体是 1 句、3 句、5 句、7 句,其总字数分别是:

$$1=1^2$$

$$1+2+1=4=2^2$$

$$1+2+3+2+1=9=3^2$$

$$1+2+3+4+3+2+1=16=4^2$$

总字数分别是 1,4,9,16,也就是 1 的平方,2 的平方,3 的平方,4 的平方。这是很有规律的。

"这也太神奇了,不仔细看真看不出来。"小丽啧啧称奇。

周老师把话题转过来,说:"像 1,4,9,16 这样的数,叫完全平方数,简称平方数。这是我们今天要讨论的重点。"

"说来说去又回到数上面去了。"小丽扮了个鬼脸。

周老师继续介绍,所谓平方数,或称正方形数,是可以写成整数的二次方的数。若 $N=M^2$,N 和 M 均是整数,N 就是平方

数,100 以内的平方数有 10 个,它们是 1,4,9,16,25,36,49,64,
81,100。周老师在黑板上画出了方框图。

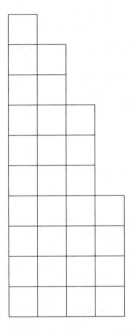

　　周老师解释道,一个数代表一条线段,数的平方就是一个正
方形,反映的是面积,数的立方就是一个立方体,反映的是体积。
上图中,第一层是一个小正方形,代表 1×1＝1,第二层是四个小
正方形,代表 2×2＝4,第三层是九个小正方形,代表 3×3＝9。

　　"我们平时玩的魔方就是 3×3×3＝27 个小立方体的旋转
游戏。"小明插了一句。

　　"那这些完全平方数有什么不一样的地方?"小琴怯生生
地问。

　　周老师讲,观察这些平方数,可以获得对它们的个位数、十

位数、数字和等的规律性认识。他接着列出了平方数的一些常用性质。

性质 1:平方数的末位数只能是 0,1,4,5,6,9。

性质 2:奇数的平方的个位数字为奇数,十位数字为偶数。

性质 3:如果平方数的十位数字是奇数,则它的个位数字一定是 6;反之,如果平方数的个位数字是 6,则它的十位数字一定是奇数。

性质 4:偶数的平方是 4 的倍数;奇数的平方是 4 的倍数加 1。

性质 5:奇数的平方是 $8n+1$ 型;偶数的平方为 $8n$ 或 $8n+4$ 型。

性质 6:平方数的形式必为 $3n$ 或 $3n+1$ 两种之一。

性质 7:不能被 5 整除的数的平方为 $5n\pm1$ 型,能被 5 整除的数的平方为 $5n$ 型。

性质 8:平方数的形式有 $16n,16n+1,16n+4,16n+9$ 几种。

性质 9:如果质数 p 能整除 a,但 p^2 不能整除 a,则 a 不是完全平方数。

同学们取了一些平方数进行验算,这些性质毫无疑问都是正确的。周老师接着指出,根据上面平方数的常用性质,可推导出一些重要结论:第一,个位数是 2,3,7,8 的整数一定不是平方数;第二,个位数和十位数都是奇数的整数一定不是平方数;第三,个位数是 6,十位数是偶数的整数一定不是平方数;第四,形

如 $3n+2$ 的整数一定不是平方数;第五,形如 $4n+2$ 和 $4n+3$ 的整数一定不是平方数;第六,形如 $5n\pm2$ 的整数一定不是平方数;第七,形如 $8n+2,8n+3,8n+5,8n+6,8n+7$ 的整数一定不是平方数;第八,数字和是 $2,3,5,6,8$ 的整数一定不是平方数;第九,每个正整数均可表示为 4 个整数的平方和,这是四平方和定理;第十,平方数的因数个数一定是奇数。

介绍到这里,周老师说:"这些推论希望你们在课后去验证一番,最好能列出严密的论证过程。"

"平方数的计算有什么奥秘?"小明对数的计算特别感兴趣,所以提出这样的问题。

"要回答这个问题,先请你们算出 $1+2+3+4+5+\cdots+100$ 的结果,知道的请说出来。"周老师看着同学们。

小强拿出一张纸加起来,但发觉一个一个数字加起来时间太长,就放弃了,大家都看着小明,看他有没有办法。

小明知道,像这种题目,靠死办法一个个加肯定是不行的,得用巧力,他从头到尾看了几遍,闭上眼睛想了一会儿,突然用手一拍脑袋,说声:"有了,这个结果是 5050!"

小强不理解,非要小明说清楚这 5050 是怎么算出来的。小明说:"$1+100=101,2+99=101,3+98=101,\cdots,50+51=101$,这样 $1+2+3+4+5+\cdots+100$ 就可以分解为 50 个 101,50 个 101 也就是 5050,就是这么简单。"

周老师接上来说:"小明的思路完全正确,事实上,像 $1,2,3,$

4……这样的数列叫等差数列,就是数列中两数之间的差都是一样的,求等差数列的和就可以归纳为一个公式,即等差数列的和等于数列中首项加末项的和乘以项数的1/2。不信你们可以验证一下。"

接着,周老师在黑板上写出了平方数的求和公式:

$$1^2+2^2+3^2+4^2+5^2+\cdots+n^2=n(n+1)(2n+1)/6$$

周老师指出,这个公式的用途很大,除了用于计算连续自然数的平方和外,在初高中的代数恒等变形中也有着很大的作用。然后,他要同学们计算 $1^2+2^2+3^2+4^2+5^2+\cdots+100^2$ 的结果。

有公式可用,只要将公式中的 n 用100代入就行了,小强很快就将结果算出来了,结果是338350。看到周老师点头称是,小强高兴得跳了起来。

"我上点难度。"周老师说着,报出一道题:

$$1^3+2^3+3^3+4^3+5^3+\cdots+100^3=$$

小丽心想,这道题和小明、小强算的题何其相似,只不过小明题中是1次方,小强题中是2次方,现在这题变成3次方了,这里面一定有窍门。小丽看出来了,这里一共有100项,每一项都是3次方,加起来一定是一个很大的数,靠一项项算出来要算到猴年马月了,这个又不是等差数列,不能直接用公式算,怎么办?先算几项看看。

$$1^3=1=1^2$$

$$1^3+2^3=1+8=9=3^2=(1+2)^2$$

$$1^3+2^3+3^3=1+8+27=36=6^2=(1+2+3)^2$$

$$1^3+2^3+3^3+4^3=1+8+27+64=100=10^2=(1+2+3+4)^2$$

算到这里，小丽大叫一声："我知道规律了，我把算式列出来。"

$$1^3+2^3+3^3+4^3+5^3+\cdots+100^3=(1+2+3+4+5+\cdots+100)^2$$

"至于 $1+2+3+4+5+\cdots+100$，前面小明已经算出来了，周老师也告诉我们方法了，那上式就等于 $5050^2=25502500$。"

周老师表扬了小丽，同学们都鼓起了掌，弄得小丽有些不好意思。接着，周老师又写出了平方数的倒数求和公式：

$$1/1^2+1/2^2+1/3^2+\cdots=\pi^2/6$$

平方数的倒数求和又和以前学过的 π 联系上了。"有缘千里来相会。"周老师也开起了玩笑。

"老师，现实生活中，有求平方数的例子吗？"小琴提问。

"当然有，不要太多。"周老师说了个切换电灯开关的题目，"有 100 盏灯，每盏灯都有一个独立开关，开关的编号依次为数字 1—100，所有灯排成一行，且一开始都是关着的。现在开始执行以下操作：切换所有编码为 1 的倍数的开关，然后切换所有编码为 2 的倍数的开关，接着切换所有编码为 3 的倍数的开关，以此类推，直至 100 的倍数的开关（一次切换指的是将关着的灯打开，或将开着的灯关上）。当你完成 100 步操作之后，哪些灯是开着的，哪些灯是关着的？你发现规律了吗？你能说明原因吗？"

还是小明给出了切换电灯开关题的解答,小明说:"完成所有操作之后,只有编号为 $1,4,9,16,25,36,49,64,81,100$ 的灯,也就是编号为平方数的那些灯是亮着的。"

"你是怎么知道的?"小强将信将疑。

小明说:"以编号为 N 的灯泡为例,在第 x 轮操作时,只有在 x 是 N 的因数的情况下,灯泡 N 的状态才会发生变化(因数指的是可以整除 N 的数),大多数因数都是成对出现的:假如 J 是 N 的因数,那么 N/J 也会是 N 的因数,只有在 $J=N/J$ 的时候,因数的数量才会是奇数,这意味着 $N=J^2$,换句话说,N 是平方数。"

听完小明的解答,周老师露出欣慰的微笑,然后又讲起其他关于平方数的题目。

13 平均数

5月初,新城小学六年级数学兴趣小组举行当月首次活动,周老师一进门,就要几名同学报出自己的身高。小明、小强、小丽、小琴的身高分别是1.38米、1.40米、1.32米、1.30米。报完后,小强开玩笑说:"新年新气象,难道数学老师要给我们上体育课?"

"当然不是。"周老师也不生气,在黑板上将这4个数字写下来,接着问,"你们四人的平均身高是多少呢?"

"这个太简单了,平均身高是1.35米。"小明马上说出答案。

"是的,我们今天就是要来讨论平均数。"周老师刚说到这里,小强就问:"什么叫平均数?"

周老师解释道:"简单地说,平均数是一组数据中所有数据之和再除以数据个数后得到的结果,它是反映数据集中趋势的一项指标。例如上面你们几个人的平均身高就是一个平均数。"

"既然这么简单,又有什么可讨论的。"小丽有点不明白。

"并不是你想象中那么简单,听我慢慢介绍。"周老师按照自己的节奏,又出了个题:某区域共有 100 亩地,其中 80 亩种植水稻,20 亩种植麦子,水稻的亩产是 800 公斤,麦子的亩产是 500 公斤,问这块区域的平均亩产是多少?

"平均亩产是 650 公斤。"小强脱口而出。

"不对! 你这个 650 公斤只考虑了 800 公斤和 500 公斤这两个数字,没有和面积联系起来,这样算肯定是不对的。"小明指出了问题。

"那要怎么算呢?"小强皱皱眉头。

周老师说:"前面算你们几个人的身高是算术平均数,现在这道题要用到加权平均数,这里的 80 亩面积是水稻的权重,20 亩面积是麦子的权重,正确的算法是 $(80 \times 800 + 20 \times 500) \div 100 = 740$,就是说这块地的平均亩产是 740 公斤。"

"算术平均数、加权平均数,有意思,有统一公式吗?"小琴问。

周老师将算术平均数和加权平均数的计算公式写出来。

把 n 个数的总和除以 n,所得的商是这 n 个数的算术平均数,公式是:$x = (x_1 + x_2 + x_3 + \cdots + x_n)/n$。

加权平均数是不同比重数据的平均数,要求把原始数据按照合理的比例来计算,若 n 个数中,x_1 出现 f_1 次,x_2 出现 f_2 次,$\cdots$,x_k 出现 f_k 次,那么 $(x_1 f_1 + x_2 f_2 + \cdots + x_k f_k) \div (f_1 + f_2 + \cdots + f_k)$ 是 $x_1, x_2, \cdots, x_k$ 的加权平均数。$f_1, f_2, \cdots, f_k$ 是 $x_1, x_2,$

$\cdots, x_k$ 的权。公式是:$x = (x_1 f_1 + x_2 f_2 + \cdots + x_k f_k)/n$。其中 $f_1 + f_2 + \cdots + f_k = n, f_1, f_2, \cdots, f_k$ 叫权。

"算术平均数是加权平均数的一种特殊情况,即各项的权相等时,加权平均数就是算术平均数。"周老师补充一句。

"这个不难理解,我懂了。"小琴点点头。

周老师又出了第三个题:某高科技企业共 11 人,其中 1 人年薪 8 万元,2 人年薪 9 万元,4 人年薪 10 万元,2 人年薪 11 万元,1 人年薪 12 万元,另外一个是老板,年薪 1000 万元。求这个企业的平均年薪。

平均年薪 = (8 + 2×9 + 4×10 + 2×11 + 12 + 1000) ÷ 11 = 100,小强动作快,马上算出结果是 100 万。他再仔细一想,觉得不对啊,就叫起来:"明明该企业里除老板外,员工的年薪都在 10 万左右,怎么平均年薪会变成 100 万呢,明显偏离实际啊。"小丽和小琴也觉得这个平均数不正常。

"就是因为老板一个人特别高的 1000 万拉高了平均数,使得这个平均年薪和普通员工的年薪差距太大,员工的年薪被平均了,也可以说,在这种情况下,这个平均数反映不了大部分人的实际薪酬情况。这是平均数的缺陷。"周老师分析道。

"怪不得我经常听到爸爸妈妈说,自己的收入被平均了,存款被平均了,连住房面积也被平均了。以前不懂是什么意思,现在明白了。"小琴恍然大悟。

"那这种情况下,应该用什么办法来反映平均状况呢?"小明的求知欲特别强,向周老师露出求助的目光。

"可以采用中位数和众数。"周老师回答。

"又跑出来中位数和众数,这又是怎么样的数?"小强很好奇。

"中位数又称中值,是按顺序排列的一组数据中居于中间位置的数,比如前面那个企业,11个人的年薪按从小到大排列是:8,9,9,10,10,10,10,11,11,12,1000,居于中间位置的数是10,10就是这组数据的中位数。用10万来反映这个企业员工的平均年薪是不是比100万来得实际。"周老师举例说明。

小明点着头问:"那众数又是怎么回事?"

"众数是在一组数据中,出现次数最多的数据。还是以前面那个企业为例,11个人的年薪,其中有4个人年薪10万,是人数最多的,所以这个企业年薪的众数就是10万,和中位数是一样的。"周老师解释道。

"我想起来了,我们选举班长时,规定得票数最多的同学当选,这个是不是就相当于利用了众数的原理。"小强善于联想。

"那中位数是不是就相当于是我们拍照时的C位。"小丽不甘落后。

周老师哈哈笑着说:"可以这样理解。"

针对小明提出的平均数、中位数和众数相互间的关系,周老师指出:平均数、中位数和众数都是用来刻画数据平均水平的统计量,它们各有特点。对于平均数大家比较熟悉,中位数刻画了一组数据的中等水平,众数刻画了一组数据中出现次数最多的情况。平均数的优点是能够利用所有数据的特征,而且比较好算。另外,在数学上,平均数是使误差平方和达到最小的统计量,也就是说利用平均数代表数据,可以使二次损失最小。因此,平均数在数学中是一个常用的统计量。但是平均数也有不足之处,正是因为它利用了所有数据的信息,平均数容易受极端数据的影响。例如上面那个企业的平均年薪,就是失真的。这时,中位数和众数可能是刻画这个企业所有人员年薪水平更合理的统计量。中位数和众数这两个统计量的特点是都能够避免极端数据,但缺点是没有完全利用数据所反映出来的信息。由于各个统计量有各自的特征,所以需要我们根据实际问题来选择合适的统计量。当然,出现极端数据时不一定用中位数或众数,一般,统计上有一个方法,就是认为这个数据不是来源于这个总体的,因而把这个数据去掉。

听到这里,小强插话说:"我看到跳水比赛评分,要去掉一个最高分,去掉一个最低分,就是认为这两个分不是来源于这个总体,不能代表裁判的水平。于是去掉以后再求剩下数据的平均数。就是基于这样的考虑吧?"

周老师点点头,进一步指出,中位数是以它在所有数值中所处的位置确定的全体数值的代表值,不受分布数列的极大或极小值影响,从而在一定程度上提高了中位数对分布数列的代表性。中位数可以代表样本与分布的性质,以及补充平均数的不足。平均数和中位数是两个截然不同的统计量。当然,我们现实生活中处理的数据,大部分是对称的数据,数据符合或者近似符合正态分布。这时候,平均数、中位数和众数是基本一致的。

说到平均数、中位数、众数的区别联系,周老师说:"平均数是通过计算得到的,因此它会因每一个数据的变化而变化。中位数是通过排序得到的,它不受最大、最小两个极端数值的影响。部分数据的变动对中位数没有影响,当一组数据中的个别数据变动较大时,常用它来描述这组数据的集中趋势。众数也是数据的一种代表数,反映了一组数据的集中程度.日常生活中诸如'最佳''最受欢迎''最满意'等,都与众数有关系,它反映了一种最普遍的倾向。"

被问到各自的优缺点,周老师总结道:"平均数需要全组所有数据来计算,易受数据中极端数值的影响。中位数仅需把数据按顺序排列后即可确定,不易受数据中极端数值的影响。众数通过计数得到,不易受数据中极端数值的影响。"

"平均数、中位数和众数我们已经掌握了,另外变不出新花样了吧?"小强朝周老师扮了个鬼脸。

"新花样还很多,你们跟我来!"周老师带着同学们来到教室外,交给小强一把卷尺,要他量出前面 5 株树的直径小强量的结果分别是 10 cm,11 cm,11 cm,12 cm,16 cm。他很快算出这 5 株树的平均数是 12 cm,中位数是 11 cm,众数也是 11 cm。

周老师指出:实际工作中,测量树木的直径,目的是算断面面积,这 5 株树的断面面积分别是 $(\pi \div 4 \times 10^2)\,\mathrm{cm}$,$(\pi \div 4 \times 11^2)\,\mathrm{cm}$,$(\pi \div 4 \times 11^2)\,\mathrm{cm}$,$(\pi \div 4 \times 12^2)\,\mathrm{cm}$,$(\pi \div 4 \times 16^2)\,\mathrm{cm}$。这 5 株树的平均断面面积是 $[(\pi \div 4 \times 10^2 + \pi \div 4 \times 11^2 + \pi \div 4 \times 11^2 + \pi \div 4 \times 12^2 + \pi \div 4 \times 16^2) \div 5]\,\mathrm{cm}$。

根据算出的平均断面面积,得到:平均直径 $= [(10^2 + 11^2 + 11^2 + 12^2 + 16^2) \div 5]^{(1/2)} = 12.2(\mathrm{cm})$

小强叫了起来:"怎么前面算出的算术平均数是 12 cm,现在通过断面面积算出的平均数变成 12.2 cm 了。"

周老师哈哈笑着说:"这个叫平方平均数,相对于算术平均数是反映直线的平均,平方平均数是反映面积的平均。平方平均数的一般公式是:$M = [(a^2 + b^2 + c^2 + \cdots n^2)/n]^{(1/2)}$。推而广之,$M = [(a^3 + b^3 + c^3 + \cdots n^3)/n]^{(1/3)}$ 是立方平均数,反映的是体积的平均。比如通过大小不同的圆球的体积求球的平均直径就是求立方平均数。平方平均数和立方平均数都属于几何平均数的特例。这些平均数在实践中都经常会用到。"

见小明又要问什么,周老师连忙说:"今天平均数的内容说得太多了,你们慢慢消化后,我们另外安排时间再来讨论吧。"说完,就宣告当天的数学兴趣活动结束。

14 立夏数乐

　　立夏日,新城小学六年级数学兴趣小组的活动照常进行。周老师一进门,还没有开口,小丽就嚷嚷开了,她的意思是,前段时间连续学习质数、平方数、平均数,脑子里塞满了数字,头昏脑涨的,今天能不能换个轻松点的话题。

　　周老师朝其他同学看看,小强、小琴等都点着头,表示有同感。周老师说:"好吧,我们来玩玩数学谜语吧。"话音刚落,小丽首先鼓掌欢呼。周老师接着说:"今天我们来猜关于数学名词的谜语。"

　　同学们都说好,就请老师出题。周老师说:"我先出几题,试试你们的猜谜水平。"说着报出了第一题:司药(打一数学名词)。

　　同学们一听,这个司药是个医学用语,怎么和数学名词也能扯上边,大多数同学都摇摇头,表示不理解。小明笑着说:"司药是指药房里的人拿着药方抓药,这不就是配方吗?数学上是不是有个名词叫'配方'?"

其他同学就朝周老师看，见周老师点了点头，同学们都"啊"了一声，原来如此，都说知道了，继续吧。

周老师就再报出一个：招收演员（打一数学名词）。小丽反应快，马上猜出谜底是"补角"。

周老师继续出题：搬来数一数（打一数学名词）。这下是小琴抢先回答出了结果，是"运算"。

后面的题目，"你盼着我，我盼着你（打一数学名词）"，谜底是"相等"，被小强猜中。

"北（打一数学名词）"，谜底是"反比"，被小明猜中。

"从后面算起（打一数学名词）"，谜底是"倒数"，又被小丽猜中，小丽小手拍得很起劲。

"小小的房子（打一数学名词）"，谜底是"区间"，被小琴猜中。

"完全合算（打一数学名词）"，谜底是"绝对值"，被小强猜中。

教室里热闹非凡，学校食堂的李师傅买菜回来路过门口，就在门外张望。周老师正想换个话题，就招手让李师傅进来，问他买回来了什么菜，什么价钱。

李师傅告诉周老师，他一共买了4样菜：4根黄瓜、3个西红柿、6个土豆、5个辣椒。"黄瓜每根6分钱，辣椒每个9分钱，"李师傅对周老师说，"一共花了1元7角钱。"

"这笔账不对！"周老师笑着说，"一定是算错了。"

"周老师还不知道土豆、西红柿每个多少钱,怎么就知道算错了呢?"小强大惑不解。

"李师傅你再算一遍吧,肯定是算错了账。"周老师语气坚定。

李师傅仔细地再算了一遍,真的是算错了,就说:"怪了,周老师你是怎么知道的呢?"

周老师说:"黄瓜每根 6 分钱,辣椒每个 9 分钱,说明黄瓜、辣椒花了 6 角 9 分钱,而你又说一共花了 1 元 7 角钱,这样剩下的西红柿、土豆的钱就是 1 元零 1 分,而这是不可能的。"

李师傅问:"为什么不可能呢?"

周老师说:"你买的是 3 个西红柿、6 个土豆,不论西红柿、土豆的价格是多少,西红柿、土豆的总价一定是 3 的倍数,而 1 元零 1 分不是 3 的倍数,所以我知道是算错了。"

听到这里,教室里发出"喔"的一声,都在说:"原来如此!"

小明问:"周老师刚才说的是不是属于所谓'奥数'的内容?"

周老师说:"怎么说呢,这是数学的基本问题。"说到这里,周老师看到一个小男孩背着书包从门外走过,就指着小男孩对同学们说:"你们看,这个小孩才 10 岁,可是已经学了 3 年奥数了,你们想想,这是有多拼,你们也要努力啊!"

小强啧啧称奇,说:"这也太可怜了,这么小就学这些,有这个必要吗?"

小明批评小强:"话不能这样说,人各有志,多学一些总是好的。"

大多数同学都觉得奥数很神秘,也很感兴趣,吵着要周老师教教大家。周老师见大家情绪高涨,不好推托,就说:"我对奥数知道的也不多,但既然大家感兴趣,我就来介绍一些。我先讲一个韩信点兵的故事。"

小强问:"周老师要介绍奥数,怎么说到韩信点兵那里去了?"小明要小强别插嘴,让周老师说下去。

周老师喝了一口水后,介绍起来。韩信是中国汉代著名的大将,曾经统率过千军万马,他对手下士兵的数目了如指掌。他统计士兵数目有个独特的方法,后人称为"韩信点兵"。他的方法是这样的,部队集合齐后,他让士兵"1,2,3""1,2,3,4,5""1,2,3,4,5,6,7"地报三次数,然后把每次的余数报告给他,他便知道部队的实际人数和缺席人数。他的这种计算方法在历史上被称为"鬼谷算""隔墙算""剪管术",外国人则叫"中国余数定理"。有人还用一首诗概括了这个问题的解法:

三人同行七十稀,

五树梅花廿一枝,

七子团圆月正半,

除百零五便得知。

这意思就是,第一次余数乘以70,第二次余数乘以21,第三次余数乘以15,把这三次运算的结果加起来,再除以105,所得的除不尽的余数便是所求之数(即总数)。例如,如果3个3个地报数余1,5个5个地报数余2,7个7个地报数余3,则总数为52。

算式如下：

$1×70+2×21+3×15=157$

$157÷105=1……52$

周老师让大家可以验算一下。

小强一验算,52 这个数还真是 3 个 3 个地报数余 1,5 个 5 个地报数余 2,7 个 7 个地报数余 3,就点点头,表示信服了。

这时,周老师看到教室窗口对面的草坪上有一群鸟儿停着,就说:"我给你们出一道题,请用'韩信点兵法'算一算。前面的这群鸟儿,我也数不清一共有多少只。我先是 3 只 3 只地数,结果剩 3 只;我又 5 只 5 只地数,结果剩 4 只;我再 7 只 7 只地数了一遍,结果剩 6 只。请你们帮我算一下,这群鸟儿一共有多少只?"

小丽反应很快,一下子就算出来了,这群鸟儿一共有 69 只。

周老师高兴地点点头说:"今天我们开了一个奥数的头,现在回过头来,继续猜数学谜语吧。"立夏日的活动,同学们玩得很开心,教室里传出阵阵欢笑声。

15 趣味解题

一次,新城小学数学兴趣班上,周老师先是讲了一些基础数学的理论知识,看到有些学生面露疲态,就笑了笑,转换话题说:"现在出几个动脑筋的趣味数学题做做。"

"动脑筋我喜欢的,老师快出题吧。"小强马上提起精神。

周老师出的第一个题是这样的:有 10 筐苹果,每筐里有 10个,共 100 个。每筐里苹果的重量都是一样的。其中有 9 筐每个苹果的重量都是 1 斤,另一筐中每个苹果的重量都是 0.9 斤,但是外表完全一样,用眼看或用手掂无法分辨。现在要用大秤一次把这筐重量轻的找出来。

周老师说完了题目后,对着同学们说:"谁能上来,一次把这筐重量轻的找出来。"

同学们你看看我,我看看你,大多数摇摇头,表示无法做到。周老师就将小强的军,说:"你不是说喜欢动脑筋吗,现在脑筋动出来了吗?"

小强脸涨得通红,想了一会儿,终于明白过来,一拍大腿,叫道:"有办法了!"

小明一脸怀疑地看着小强说:"你别一惊一乍地叫,倒是把办法说出来。"

小强说:"我将 10 筐苹果按次序排好,第一筐拿出 1 只,第二筐拿出 2 只,依次类推,一直到第十筐拿出 10 只,这样一共拿出了 55 只苹果,用大秤称一次重量,称出的重量和 55 斤去比较,少 0.1 斤就是第一筐是重量轻的,少 0.2 斤就是第二筐是重量轻的,依次类推,一定可以确定哪一筐是重量轻的。"

周老师朝小强竖起大拇指,说:"小强好样的,自从参加兴趣小组后,进步很大。"同学们齐声喝彩,小强高兴极了。

周老师出的第二个题目是这样的:1.5 只母鸡在 1.5 天里生 1.5 个蛋,6 只母鸡在 6 天里能生几个蛋?

小丽听到这个题目笑了,小琴问她:"你笑什么? 难道你知道答案了。"

小丽说:"我小时到农村去,一群母鸡整天在我外婆家竹园里找食生蛋,我天天看着它们,对母鸡可熟悉了。当然对母鸡生蛋了如指掌了。"

小琴说:"你别吹牛,这个生蛋数难道是你看到数出来的?"

小丽笑了笑说:"我和你开玩笑的,不过这个题目我是这样理解的,先保持时间不变,从 1.5 只母鸡在 1.5 天里生 1.5 个蛋,得到 1 只母鸡在 1.5 天里生 1 个蛋,6 只母鸡在 1.5 天里生 6 个蛋;再保持母鸡的只数不变,把时间从 1.5 天增加到 6 天,扩大到原来的 4 倍,因而产蛋数也要乘以 4,6 个变成 24 个。所以 6 只母鸡在 6 天里能生 24 个蛋。你们说我的想法对不对?"

周老师刚要回答,小明抢着说:"事实上,这个问题很简单,6 只母鸡是 1.5 只母鸡的 4 倍,6 天是 1.5 天的 4 倍,母鸡只数扩大到原来的 4 倍,时间扩大到原来的 4 倍,产蛋量就要扩大到原来的 16 倍,1.5 个蛋扩大到原来的 16 倍就是 24 个蛋。"

小明的话一说完,教室里就响起一阵掌声。小明看看小强,一副趾高气扬的神色。小强发狠说:"牛什么牛,总有一天,我要超过你。"

周老师接着说:"下面我出一道推理题,题目是这样的:甲,乙、丙三个人中,有一位医生、一位教师和一位警察。已知乙比警察年龄小,丙和医生不同岁,医生比甲年龄大。请判断出甲,乙、丙分别是什么职业?"

不想周老师出题后不到 1 分钟,小琴就报出了答案,甲是教师、乙是医生、丙是警察。小丽大为吃惊,心想会不会是小琴蒙出来的,就要小琴解释是怎么推理出来的。

小琴说:"根据已知条件,丙和医生不同岁,医生比甲年龄大,通过这两条,可立即得到医生是乙的结论;然后凭医生比警察年龄小,医生比甲年龄大这两条,可以得到警察年龄最大,是丙;那剩下的就是教师,只能是甲了。"

周老师频频点头,连说:"对的,对的。小琴的推理能力真强。"全场又是一阵为小琴鼓劲的欢呼声。

周老师说:"我再出一道题,不光要考你们能不能正确解答,还要看你们是花多少时间解出来的。"

小强摩拳擦掌,跃跃欲试,说:"好啊,请出题。"

"鸡和兔共 15 只,共有 40 只脚,鸡和兔各几只?"周老师说出了题目。

没想到周老师的题目刚说完,小明就立即报出了答案,说兔子有 5 只,鸡有 10 只。

这边一些同学还拿了一张纸,设未知数为 x,y,刚立好方程,小明已算好了。小强不相信,问小明是怎么算的。

小明说:"很简单,我的想法是,假设鸡和兔都训练有素,吹一声哨,抬起一只脚,还站着 $40-15=25$ 只脚。再吹一声哨,又抬起一只脚,还站着 $25-15=10$ 只脚,这时鸡都一屁股坐地上了,兔子还两只脚立着。所以,兔子有 $10\div2=5$ 只,鸡有 $15-5=10$ 只。你们说对不对?"

小强口服心服,摇着脑袋说:"不光答案是对的,就是你的解法也匪夷所思啊。"

"这不过是小菜一碟。"小明神气活现。

周老师先是称赞小明,说:"小明是好样的!你们看,在这个数学游戏的小题目中,小明凭借自己的能力和无拘无束的创造性思维,就像是一位探索者,成功地建立了一个全新的数学准则。由此可见,数学游戏很像婴儿咿呀哭喊、倾听回应的过程,也像智者讲述真理,听众轻声感叹的过程。"

看到小明得意扬扬的样子,周老师话锋一转,语重心长地说:"但是,每一位同学都要注意,千万不能骄傲,须知山外有山,天外有天。到目前为止,我们在做的都是简单的题目,真正的难题在后面。希望大家戒骄戒躁,不懈努力,迎接新的挑战。"一席话,听得小明羞愧地低下了头。

周老师见小明已认识到错误,就转换话题,继续出趣味题,教室里师生相谈甚欢,其乐陶陶。

16 以数鼓劲

新城小学的学生大多家庭条件优渥,不愁吃不愁穿,都被家长视为掌上明珠,一些学生在家中娇生惯养,在学校里也就晕晕乎乎,做一天和尚撞一天钟,整天不思进取,学习意念消沉。

王校长得知这种情况后,心中焦急,就把负责语文教学的孙老师和负责数学教学的周老师找来,问他们可知道此事。孙老师、周老师点头称确有此事。王校长厉声道:"既然知道,为何不及时通报,不将问题解决在萌芽状态?"孙老师、周老师都虚心接受批评。

孙老师低着头说:"是我不好,我把主要精力放在学校里的一些文学尖子生身上,指导他们写出各种类型的文学作品,去参加各种各样的比赛。虽然也得了不少奖,为学校争得了一些荣誉,但在针对大多数学生的普及教学方面,是有些放松了,我要做检讨。"

周老师弯着腰说:"我也要做检讨,我把主要精力放在数学兴趣小组身上,那些学生对数学有特别爱好,我指导起来得心应手,特别有成就感,却忽略了班级里的其他学生,真不应该。"

王校长见孙老师、周老师态度都很好,说得也诚恳,就摆摆手,说:"我也知道,你们的初衷是好的,也想在学校里培养出一批尖子生,为学校增光添彩,你们想展示自己的风采也没有错,但既然我们是公办学校,是普及教育,我们心里就不能只装着少数,我们要想着大多数,大家好才是真的好。"

孙老师、周老师频频点头。周老师说:"我们知错了,您就说我们接下来该如何补救吧。"孙老师也用期许的眼光看着王校长。

王校长想了一下,说:"现在要扭转存在于部分学生身上的得过且过的思想,需要去做他们的思想工作,给他们鼓鼓劲。我想召开个全校师生大会,你们两位,看看谁去做动员报告?"

周老师自告奋勇地说:"我去吧。"

当天下午,学校就发出通知,第二天上午在学校报告厅集合开师生大会,有重要事情要宣布。

第二天上午,同学们准时来到报告厅。早来的学生见周老师在那里等着,就问周老师有什么重要事情。周老师笑着说:"等大家到齐了再说。"同学们也不心急,就三三两两地闲聊起来。

开会时间到了,周老师拿出一块小黑板,挂在墙上,笑着说:"今天开会,我要给大家讲几道数学题。"

周老师的话音刚落,现场就炸窝了。有学生在下面嘀咕:"不是说有重要事情宣布吗?做数学题算什么重要事情?"旁边一些同学也纷纷附和,不知道周老师葫芦里卖的什么药。

周老师不慌不忙地说:"你们别急,也许等我讲完了这几道题,你们就全明白了。"

"那您就快说吧!"小强是个急性子。

周老师拿出粉笔,在黑板上写下了第一个等式:

$$1^{365} = 1$$

同学们一看,哄堂大笑,议论纷纷说,这谁不知道。有学生就问周老师:"您这是想说明什么问题?"

周老师说:"大家都知道,一年有 365 天,1 代表不变,就是原封不动,这个算式是要说明,如果你原地踏步,那么一年后你还是那个 1,什么也没有变。"

听周老师这样一说,同学们若有所思,一下子静了下来。

周老师很有耐心地看着大家,小丽忍不住了,又催周老师说下去。

周老师在黑板上又写出第二个等式:

$$1.01^{365} = 37.8$$

看到这个结果,有些同学又喊叫起来,周老师问他们为何喊叫,这些同学都表示,不相信结果有这么大。周老师要小明把计算器拿出来,当面算给大家看。小明计算的结果证明这个算式确实没错。

同学们明白过来了,但还是问周老师:"这个算式又说明了什么呢?"

周老师笑着说:"如果每天都能进步一点点,比如1%,那么一年后你的进步就会很大,会远远大于1,大到刚才你们有些同学自己都不敢相信。"

现场鸦雀无声,同学们似乎都陷入了沉思。

周老师见机行事,在黑板上又写下第三个等式:

$0.99^{365} = 0.03$

周老师写完后,问大家:"现在这个0.03的结果你们还怀疑吗?"

见同学们都摇摇头,表示不怀疑了。周老师就对小明说:"你来解释下这个算式的意义吧。"

小明走上讲台,说:"按照周老师前面的解释,我的理解是:如果每天退步一点点,比如退步1%,那么一年后你的退步就会很大,会远远小于1,远远被其他同学抛在后面,将会'1'事无成。"说到这里,小明望着周老师问:"我的理解正确吗?"

周老师朝小明竖起了大拇指,连声夸赞小明解释得完全正确。现场爆发出一阵掌声。

周老师趁热打铁,大声问大家:"我们能故步自封原地踏步吗?"

"不能!"同学们齐声回答。

"我们能每天进步一点点吗?"周老师进一步问道。

"能!"同学们大声喊道。

"我们能容忍自己退步吗?"周老师紧追不舍。

"不能!"同学们异口同声不容置疑。

"那好吧,拜托大家了。我的话说完了!"周老师朝大家鞠躬致意。临走前,周老师问:"大家还有什么问题吗?"

"没有了。"大多数同学这样回答。

接着,孙老师上台说:"古人云,'故不积跬步,无以至千里;不积小流,无以成江海。骐骥一跃,不能十步;驽马十驾,功在不舍。锲而舍之,朽木不折;锲而不舍,金石可镂'。意思是:不积累一步半步,就没有办法到达千里的地方;不积累小河流,就没有办法汇成江海。说明日积月累的作用,可以充实、丰富、完善自己。这和周老师用三个数学公式说明的道理是相通的。"

看到同学们很认真地听着,孙老师补充道:"周老师说的这个进步不仅要体现在身体上,更要落实在思想深处。同学们一定要与时俱进,奋勇向前,不能躲在温柔乡里过躺平的日子。"

报告厅里爆发出阵阵掌声,同学们的学习干劲都被鼓起来了。

17 **金融思维**

　　在新城小学数学兴趣小组的一次活动中,周老师有事要迟点来,让同学们自己先讨论。小丽从包里掏出了一叠钱,说是她妈妈交给她,认为她在学数学,要理论联系实际,要有金融思维,要她拿这些钱去理财,但她不知道该怎么操作。

　　小琴建议小丽把钱存银行,小强建议小丽拿这些钱投资股票,小伟建议小丽去买彩票。小丽觉得存银行利息不高,买彩票中奖概率太低,还是投资股票比较好,但自己对于股票市场的交易规则一点也不懂,心里一着急,就埋怨起妈妈来。

　　"话不能这么说,你妈妈也是好心,有备无患,多学些知识,早做准备总是好的。"小琴劝慰小丽。

　　见小明在旁边顾自发笑,小丽有些生气,说:"你一声不响傻笑着干什么?"

　　"你妈妈是对的,现在已经进入互联网时代,新形势下,我们要与时俱进,不然必然要被时代所淘汰。"小明摇晃着脑袋说。

"这些谁不知道,你有什么好办法吗?"小丽急不可耐地问。

小明摇了摇头,叹了口气,说:"巧妇难为无米之炊。"见小丽有点泄气,小强拉了拉小明的衣角,轻声说:"你就给小丽鼓鼓劲嘛。"

小明想了想,说:"办法总比困难多,既然是互联网时代,我们要利用金融思维,化腐朽为神奇。"

"什么叫金融思维?怎么样才能化腐朽为神奇?"小丽很好奇。

小明拿出几张白纸,在上面边写边说:"我来给你们做几道算术题,说明四种思维模式。"

一般人思维:

1 元×1 元＝1 元

老板思维:

1 元×1 元

＝10 角×10 角

＝100 角

＝10 元

互联网思维:

1 元×1 元

＝10 角×10 角

＝100 分×100 分

＝10000 分

＝100 元

金融思维：

1 元×1 元

＝1000 厘×1000 厘

＝100 万厘

＝1000 元

同学们看了这四个算式，觉得很奇怪，怎么 1 元就变成 10 元、100 元，甚至 1000 元了呢。看到大家交头接耳议论纷纷，小明继续说："当大部分人还在传统的思维里苦苦挣扎时，有些人已经开始了用'分享经济＋倍增原理＋大数据＋互联网金融'奔跑啦！这就是思路决定出路，观念决定贫富，眼光决定未来！"

小明的一席话，把同学们的积极性给调动起来了，大家纷纷拿出纸笔，也想化腐朽为神奇，多创造出纸上富贵。过了一会儿，小伟竟大喊大叫起来。

小丽忙问："你怎么了？"

"不好，我怎么算来算去，得出的结论是钱缩水了。"小伟满脸惊讶。

"怎么可能呢？快给大家看看。"小琴一把夺过小伟手上的草稿纸，摊在地上，大家围上来，只见上面写着：

一道高级数学题，求证 1 元＝1 分。

解：1 元＝100 分

＝10 分×10 分

＝1 角×1 角

$=0.1$ 元 $\times 0.1$ 元

$=0.01$ 元

$=1$ 分

证明完毕。

小丽看了这道数学题,急得眼泪都流了出来,说这可怎么办啊,小明的 1 元可以变成 1000 元,小伟的 1 元却变成了 1 分!难道这是变魔术吗?我手中的钱稀里糊涂就没了,这不是要把我逼疯吗?

小伟也没想到会是这个结果,一时也束手无策。这时,周老师跑过来了,问清了事情的来龙去脉,周老师批评小明,说:"什么化腐朽为神奇,什么互联网金融,这些都是忽悠人的,我们还是要实事求是,学习实体经济,不学脱实向虚的歪招。"

小明低着头,虚心接受周老师的批评。小强连忙解释说:"小明也是好心,他是想利用虚拟经济鼓励大家,没想到这是把双刃剑,弄得不好,反而伤了自己。"

周老师挥挥手,说:"钱这个东西,是我的总是我的,不是我的我也不要,这是我们做人的基本准则。通过几个数学公式倒腾来倒腾去,钱不会多出来,也不会少下去。"

"可是,小明和小伟的推导看不出有什么问题啊!"小丽擦干了眼泪,眼巴巴地看着周老师。

"问题就出在 1 元 $=1$ 元 $\times 1$ 元以及 1 元 $=10$ 角 $\times 10$ 角上,元 $\times$ 元以及角 $\times$ 角是不成立的,这个是混淆了单位的概念,不像长度单位米,米×米为平方米,米×米×米为立方米,长度单位可以转化为面积单位。钱的单位元、角、分没有平方的概念,因此是不能相乘的。同样道理,重量单位克、公斤、吨,相乘也是没有实际意义的。"周老师耐心地解释起来。

听完周老师的话,小丽长吁了一口气,露出了笑容。同学们也频频点头,表示明白了。见大家的情绪稳定下来了,周老师又开始了新课的讲解。

18　数字游戏

　　进入夏天,万物繁盛,新城小学焕发出勃勃生机。六年级数学兴趣小组的同学们,亦在周老师的引领下茁壮成长起来。

　　这天放学后,兴趣小组的同学留了下来,在周老师到来之前,小明提议大家玩个数字游戏。听说玩游戏,在场的同学都拍手叫好。小强催小明快将游戏规则说出来。

　　小明数了数,包括自己一共有 12 名同学在场,说了句"正好"。拿来一张纸,剪成 12 小张,分别写上 1,2,3,…,12。小明说:"我们这里 12 名同学,每人抽一张纸条,抽中什么数字,就对这个数字进行阐释,只要你认为和这个数字搭边的,怎么说都行。大家听明白了吗?"

　　见大家都点着头,小明将盛着纸条的托盘端到每位同学面前,让他们各抽一张,剩下最后一张是自己的。抽完了,小明问:"谁是 1 号?"

　　小丽举起手来。小明说:"我们按顺序,小丽你首先说说这个 1。"现场掌声一片。

小丽哈哈笑着，说："我运气真好，中彩了。我首先抛砖引玉，这个 1，是数的开始，'首''头''始''元''冠'等都有这个意思。"

"'首''头''始''元''冠'能代表 1，你得说说清楚。"小强插嘴。

"首先、头名、开始、元旦、冠军等，是不是都表明 1 是从头开始，第一名是冠军，第一天是元旦，第一天尊是元始天尊，第一领导是首领。"小丽解释起来。

见大家点头称是，小丽继续说："关于一的成语太多了，比如一马当先，一生一世，一心一意，一问一答，一雪前耻……"

小明急忙叫停，说："够了，够了。下面谁抽到了 2？来说说 2！"

小伟站起来说："我是 2 号，也就是第二名。小丽是首先，我是其次；她是冠军，我是亚军。从哲学观点看，什么事情都是一分为二的。另外，我这个 2，是第一个偶数。"

"偶数？什么是偶数？"小孙明知故问。

"你怎么连偶数都不知道，偶数就是双数，像 2、4、6、8 这样能被 2 整除的数就是偶数。"小伟解释。

"那我还是第一个奇数呢。"小丽补了一句。

小孙又要提问，小明有些不耐烦，指着他说："我发觉你怎么有点'62'。"

小孙生气了。小琴低声问旁边的小强:"小明说小孙'62'是什么意思?"小强告诉小琴:"这是杭州方言,'62'是说小孙有点笨,或者拎不清。"小琴"噢"了一声,明白小孙为什么生气了。

小明马上招呼抽到 3 的同学接着说。

小琴抽到了 3,她想了想后说:"我虽然不是冠军,也不是亚军,但我是季军。我这个 3 表示多的意思。"

"区区 3,怎么能表示多呢?"有同学提出异议。

"你们看'森'字,就是 3 个木,独木不成林,三木就成森林了;再看'众'字,人从众,3 个人在一起,就变众人了,就表示多了。先哲云'三人行,必有我师'就是这个道理,还有事不过三。另外,一般将 3 视作第一个奇质数。"小琴侃侃而谈。

小孙刚要提问,想到了事不过三,话到嘴边又停住了。

接着,小陈望着纸上的 4,介绍道:"中国文化讲究四平八稳,春夏秋冬四季,东南西北四方,上下左右四面,四海之内皆兄弟也。"说着望了小孙一眼。

小孙感激地向小陈竖起大拇指,然后张开手来,朝大家晃了晃。这下轮到小强糊涂了,问小孙这是什么意思。

小孙说:"这是我的手,5 个手指头,一只手就表示 5,双手就是 10。金木水火土是五行,金银铜铁锡是五金,逢五逢十有特别的意义,任何数,除以 5 都可以除尽。"

小伟、小陈不服气,一致表示,那我们 2、4 也可以除尽任何数,这有什么值得炫耀的。

小琴出来打圆场,说:"像 2,4,8,一定要和 5 搞好关系,因为 2×5＝10,2 和 5 相结合变成 10,去除其他数时,只要移动一位小数点就可以了,反之,像 3,7,11 这样的数,就没有这么幸运了。"

同学们争论不休,小芳仪态万方,挥手让大家静下来,说:"讲到幸运,我是 6,六六大顺,6 是第一个完全数,是最小的完美数。"

"什么叫完全数?怎么又称它为完美数?"连小伟都没听明白。

"完全数又称完美数或完备数,是一些特殊的自然数,它所有的真因数(即除了自身以外的约数)的和恰好等于它本身。如果一个数恰好等于它的真因数之和,则称该数为完全数。"解释完概念,小芳继续说,"6 是第一个完全数,它有约数 1,2,3,6,除去它本身 6 外,其余 3 个数相加,1＋2＋3＝6。第二个完全数是 28,它有约数 1,2,4,7,14,28,除去它本身 28 外,其余 5 个数相加,1＋2＋4＋7＋14＝28。"

"怪不得有些人特别喜欢 6、28 等数,原来如此。"小伟恍然大悟。

"完全数以前兴趣小组上课时学过,谁让你那次缺课。"小明埋怨小伟。小伟不好意思地低下头去。

"我虽然没有小芳 6 这样完美,但一周 7 天是大家都知道的,另外,诗词中的七律、七绝之美是其他字数能比得了的吗?"小强以攻为守,反问大家。

同学们仔细想想,还真反驳不了小强,就挥挥手,让小强过去了。

"8的口音像'发',近年来特别受人们欢迎,听说8888的车牌号码或手机号码要花高价才能买到。所以我以8为荣。"小华将写着8的纸条高高举起,得意扬扬。

"这些人喜欢望文生义,自以为是,我们不要学他们,这个不算。"小明提醒。

"那八面玲珑、八仙过海、八方呼应、八斗之才总能说明问题吧?"小华毫不示弱。小伟、小陈纷纷点赞。

小芳揭发:"小伟的2,小陈的4和小华的8是一伙的,因为$4=2×2,8=2×2×2$。"

"你这个$6=2×3$,里面不是也有我的2吗。你多心了吧?"小伟反击小芳。

"这样说来,我们质数最吃亏了。"小强叫屈。

"大家都是邻居,你中有我,我中有你,怎么分得开呢。"小丽出来劝说。

"9是谁?快接上。"小明大声叫道,要将场面控制住。

"我是9,九五之尊,至高无上。"小黄打开纸条,发现自己摸到了9,哈哈大笑。笑过后,接着说:"9是一位数中最大的,九天之上的玉帝,上掌三十六天,下辖七十二地,法力无边……"

"九九归一,别吹天上那些虚无缥缈的事,我们还是要脚踏实地。"小丽不以为然。

"是啊,$3×3=9$,没有我这个3做铺垫,能有你9吗?"小琴也不买账。

"你们这样理解，那我无话可说了。"小黄摇了摇头，叹息一声。

前面一直没作声的小熊手里拿着10，他摇晃着双手说："你们争什么争，该是你的就是你的，不是你的你抢也抢不到。"

"你卖什么关子，快对10做阐释。"小明催促。

"10还用得着阐释吗？10是双手啊，$2\times5=10$，2和5所蕴含的我10都有。十月秋高气爽，艳阳高照，是一年中最舒服的日子。另外，十月怀胎辛苦吧，所以你们对母亲一定要好一点。"小熊一本正经的样子，把大家逗乐了。

"瞧你这副熊样。"小强拉拉小熊的手，嘴上似乎在责备，实质是表示友好。

小明自己抽到11，他说："如果说10是双手，那我11就是双脚，我要迈开双腿向前奔。11还是一双筷子，我们要自己动手，丰衣足食。"

"你这个是象形字，口号式，不能算数。"小熊活跃起来了。

"11是个质数，你们看，$1/11=0.090909\cdots$，$2/11=0.181818\cdots$，$3/11=0.272727\cdots$，你们看出规律了吗？"小明沾沾自喜。

小熊细细观察，发现是很有规律，就向小明请教。小明笑着说："你是小熊，等你长大我再告诉你。"

"等我长大，我就吃了你。"小熊满脸稚气，做出个吃的动作，引得大家哄堂大笑。

小明赶紧指着小金说:"只剩下你了,你就是12,你怎么说?"

小金胸有成竹,拍着胸脯说:"12好啊,一年分12个月,一天分12个时辰,白天有12小时,人有十二生肖……"

小金还要说下去,被小明制止了。小明说:"我看到周老师来了,大家都回到自己座位上去吧。"一阵嬉笑声中,同学们玩的释数游戏结束了。

19 **生物律**

　　新城小学数学兴趣小组的同学聚集在一起,会互相点评。有些同学看到一些尖子生反应敏捷、思维独到、天赋异禀、文理融通,就会啧啧称羡,认为他们这样才有希望,才会成才,而自己相形见绌,这也不行,那也不行,不免有些气馁。

　　有一次,周老师又听到了类似的议论,他觉得必须及时纠正,就在上课结束后,招招手,要大家围成一圈。他问:"那些让你们羡慕的同学的成功,你们知道是怎么得来的吗?"

　　看到有的同学摇着头,周老师告诉他们,每个人的成功都不容易,但仔细分析后,发现这些成功都有着一定的规律。

　　"成功有规律可循?那老师快说说。"同学们的兴趣来了。

　　周老师说:"我以动植物为例来说明。在生物界,关于成功,有很多定律,比较有名的有荷花定律、竹子定律和金蝉定律。这些定律都有共同的特点,那就是,成功需要厚积薄发,要忍受煎熬,要耐得住寂寞,坚持,坚持,再坚持,直到最后成功的那一刻。"

"您先说说荷花定律。"小丽催促道。

周老师缓缓说道:"一个池塘里的荷花,每一天都会以前一天的 2 倍数量开放,如果到第三十天,荷花能开满整个池塘。请问在第几天池塘中的荷花开了一半?"

小强不假思索地说:"第十五天。"

周老师说:"错! 正确答案是第二十九天。第一天开放的只是一小部分,第二天,他们会以前一天的 2 倍数量开放。到第二十九天时荷花仅仅开满了一半,直到最后一天才会开满另一半。也就是说:最后一天的速度最快,等于前 29 天的总和。这就是著名的荷花定律。"

"这和我们以前学过的数列 1,2,4,8,16,32,64,⋯有点像,难道荷花懂数列?"小强惊叹道。

小明要小强别打岔,问周老师:"这说明了什么道理呢?"

周老师分析道:"其中蕴含着深刻的哲理,成功需要厚积薄发,需要积累沉淀。透过这个定律去联想人生,你会发现,很多人的一生就像池塘里的荷花,一开始用力地开,玩命地开⋯⋯但渐渐地,人们开始感到枯燥甚至是厌烦,你可能在第九天、第十九天,甚至到第二十九天的时候放弃了坚持。这个时候,往往离成功只有一步之遥。很多时候,甚至可以说大多时候,人能获得成功,关键在于毅力。"

有同学在边上议论:"老师说得太对了,我要坚持,坚持,再坚持!"

周老师继续按自己的思路说:"据说一般人的一生,大概能遇到 7 次可以改变人生的机会,而这样的机会往往都是在前期日复一日的投入和坚持中取得的,所以说,如果有梦想就要行动起来,然后坚定不移地执行下去。"

"别人能行,我小熊也行。"小熊从荷花联系到自己,信心上来了。

"竹子定律又是怎么回事?"小琴提问第二个定律。

周老师接着介绍竹子定律:"竹子用了 4 年时间,仅仅长了 3 厘米。从第五年开始,却以每天 30 厘米的速度疯狂地生长,仅仅只需要 6 周的时间,就能长到 15 米高。其实,在前面的 4 年,竹子将根在土壤里延伸了数百平方米。做人做事亦是如此。不要担心你此时此刻的付出得不到回报,因为这些付出都是为了扎根。人生需要储备,有多少人,没能熬过那 3 厘米?"

"俗话说的,你做三四月的事,在八九月自有答案。就是这个意思吧?"小丽问。

"是的,当我们忘记一切目的,把注意力集中到学习本身时,结果往往不会差,甚至还会有意想不到的收获。"说到这里,周老师觉得意犹未尽,继续说,"再来说说什么叫价值? 同是竹子,一支做成了笛子,一支做成了晾衣竿。晾衣竿不服气地问笛子:'我们都是同一片山上的竹子,凭什么我天天日晒雨淋,不值一文,而你却价值千金呢?'笛子回答说:'因为你只挨了一刀,而我却经历了千刀万剐、精雕细琢。'晾衣竿此时沉默了。人生亦是如此,经得起打磨,耐得起寂寞,扛得起责任,肩负起使命,人生才会有价值。看见别人辉煌的时候,不要嫉妒,因为别人付出的比你多。有句话是这么说的:'心在一艺,其艺必工,心在一职,其职必举。'成长不是一蹴而就的,哪有什么开挂人生,只不过是厚积薄发。这就是竹子定律带给我们的启示。"

看到周围的同学频频点头,周老师又说起了金蝉定律。一般的蝉,要先在地下暗无天日地生活 3 年,有一种美国的蝉,甚至要在地下生活 17 年,忍受各种寂寞和孤独,依靠树根的汁一点点长大,终于在夏天的某一个晚上,悄悄爬到树枝上,一夜之间蜕变成知了。然后期待太阳升起的那一刻,它就可以飞向天空,冲向自由。这就叫金蝉定律。

小孙说:"我原来羡慕金蝉,想自己若能做只金蝉多好,现在看来金蝉也不好做。"

周老师点点头,笑着说:"很多人的一生就像池塘里的荷花,一开始用力盛开,但是总感觉自己绽放得不够,所以渐渐感到厌倦,在第十天、第二十天,甚至第二十九天的时候选择了放弃。还有很多人的奋斗也像生长的竹子,一开始铆足了劲,但是由于前面的大部分阶段都在打基础,所以成效并不那么明显,在第一年、第二年,甚至第四年的时候选择了放弃。也就更不用提蝉的淡定和坚守了。这三个定律给人们的启示是:越接近成功越困难,越需要坚持。无论是学业还是人生,我们缺少的不是能力、技巧、模式,需要的是坚持和毅力,只有坚持量变,才能最后完成质变,才能突破成功的临界点,取得最后的成功。"

现场掌声雷动,小明挥手让大家静下来,说:"周老师这三个定律都说得很好,我都听进去了,今天的收获很大。中国有句老话'行百里者半九十',就是说走一百里路,走九十里才算走了一半,因为很多人坚持到九十里就放弃了。我们要以荷花、竹子、金蝉为榜样,吸取经验教训,大家说是不是?"

"是!"同学们振臂高呼,现场气氛活跃,大家的干劲都鼓起来了。

20 植物数学

新城小学数学兴趣小组搞得有声有色,成绩有目共睹。负责的周老师征求了部分家长的意见,学习数学也要理论联系实际,就安排了一堂野外实践课,并为此专门请来了林业专家葛教授。

葛教授带着同学们来到市郊的山上,开门见山直奔主题。他指着地面,说:"我先从树根说起。在这地面下,很多树根盘根错节,你中有我,我中有你。正是这些树根纵横交叉,看似不成规则,实质相互交织,串联起了整个地下运输通道,建立起了能量、信息的网络架构,就像一个人的经络,血肉相连,四通八达。人类现在无所不能的互联网就是从这里得到启发的。"

"是这样吗?我听说网络是从树木的树干分大枝,大枝分小枝,形成的树状分布图形结构演化来的。"小强提出疑问。

"甭管地上地下,道理是相通的,反正植物中处处隐藏着数学知识。"葛教授招呼大家围拢过来。

"大自然这本书是用数学语言来书写的。"他以伽利略的名言开头，接着说，"数学，是研究数量、结构、变化、空间以及信息等概念的一门学科。"

"您就直接联系植物实际说吧。"周老师在旁边悄悄提醒。

"好！一般将树木分成5大部分，根、茎、叶、花、果，根前面说了，就先略过。茎对树木来说就是主干，你们知道树木主干是什么形状吗？"葛教授边说边问。

有的说树干是圆柱体，有的说树干是圆锥体，有的说都不是。葛教授说："一般情况下，树干从根部到梢头是逐渐缩小的，因此，树干的形状近似于圆锥体。那么树干的体积怎么算呢？大家知道，圆柱体的体积是断面面积乘树高，圆锥体的体积是底部断面面积乘树高的1/3。而人们为了测量方便，采用的是胸高断面面积，胸高断面面积乘树高就构成了一个新的圆柱体的体积，这个称作比较圆柱体，树干的实际体积和这个比较圆柱体体积的比值称为树木的胸高形数，就是形状指数的意思。它的大小反映了树干粗度变化的程度，树干越饱满，胸高形数越大，树干越尖削，胸高形数越小。研究树干的形状，准确计算树干体积，这就是数学问题。"

"那树叶和数学有什么关系？"有同学提问。

"有啊，树叶有各种各样的形状：有椭圆形，形如椭圆，如樟树的叶；有心形，形如心脏，如紫荆的叶；有菱形，叶片呈等边形，如菱的叶；有圆形，形如圆盘，如旱金莲的叶；有卵形，形如鸡卵，如桑的叶;有三角形,基部宽平,三个边接近相等,如荞麦的叶;有扇形,形如展开的折扇,如银杏的叶;有掌形,形如手掌,如梧桐的叶;有针形,叶片细长如针,如马尾松的叶;有披针形,也叫枪锋形,叶基较宽,先端尖细,如桃的叶;等等。这些树叶各有特点,都很耐看。这些树叶形状的数学化描述与表达,也是需要研究的。"葛教授扳着手指头一一道来。

接着,葛教授又介绍了关于笛卡儿叶形曲线的故事。很早之前,笛卡儿就观察到一些花草的形状与一些闭合的曲线十分相似。1638 年,他提出了一个方程式:$x^3 + y^3 = 3axy$。这就是笛卡儿叶形曲线。因为这条曲线有一部分像一片茉莉花瓣,所以它被数学家生动形象地称为茉莉花瓣曲线。这既体现了数学的人文之美,又体现了数学的植物科学之美。此外,蔷薇、睡莲、菊花、常春藤、酢浆草、柳树、槭树等植物叶片的方程式也相继被科学家们完成。

"研究这些方程式有什么用?"又有同学提问。

葛教授解释道,模仿自然,利用自然,现代科学已经进入一个更深入的层级。比如,建筑师们参照车前草叶片排列的数学模型,设计出了新颖的螺旋式高楼,最佳的采光效果使得高楼的每个房间都很明亮。通过数学思维分析植物,构建数学模型,将植物生命体现于程序图案上,用数学的美展示植物生命之美。这不仅可以展现数学的多维度表达能力,还体现了数学中所蕴含的独特的人文与自然之美。

"那花和果呢?"小琴对花果更感兴趣。

"花和果与数学的关系就更加紧密了,花果之美,除了颜色美、形态美、味道美、视觉美之外,还蕴含着数学美。"葛教授举了下面几个例子。

第一,向日葵种子的排列方式就是一种典型的数学模式。仔细观察向日葵花盘,你就会发现两组螺旋线,一组顺时针方向盘旋,另一组则逆时针方向盘旋,并且彼此相嵌。虽然在不同的向日葵品种中,种子顺、逆时针方向和螺旋线的数量有所不同,但都不会超出 34 和 55、55 和 89 或者 89 和 144 这 3 组数字,有趣的是,这些数字属于一个特定的斐波那契数列,即 1,2,3,5,8,13,21,34,…,每个数都是前面两数之和。

第二,雏菊花盘的蜗形排列中,也有类似的数学模式,只不过数字略小一些,向右转的有 21 条,向左转的有 34 条。雏菊花冠排列的螺旋花序中,小花互以 137 度 30 分的夹角排列,这个精巧的角度可以确保雏菊茎上每一枚花瓣都能接受最大量的阳光照射。

第三,在仙人掌的结构中也有这一数列的特征。仙人掌的斐波那契数列结构特征能让仙人掌最大限度地减少能量消耗,适应干旱沙漠的生长环境。同时,仙人掌长成浑圆的模样,目的也是以最小的表面积,减少自身水分的蒸发。看来,没这数学头脑,仙人掌就成不了沙漠植物。

第四,菠萝果实上的菱形鳞片,一行行排列起来,8 行向左倾斜,13 行向右倾斜。

第五,挪威云杉的球果在一个方向上有 3 行鳞片,在另一个方向上有 5 行鳞片。

第六,常见的落叶松是一种针叶树,其松果上的鳞片在两个方向上各排成 5 行和 8 行。

第七,美国松的松果鳞片则在两个方向上各排成 3 行和 5 行。

葛教授特别提到,在斐波那契数列中,从第三个数字起,任何一个数字与后一个数字的比都接近 0.618,而且越往后的数字,就越接近。在树枝、绿叶、红花、硕果中,都能遇上 0.618 这个"黄金比率"。

"为什么很多植物都会有这种规律?"小明目瞪口呆。

葛教授解释道:"植物王国的数学特性既优美又神秘,这些植物形态的数学特性的确会让人感到惊叹,吸引很多人去探究其中的原因。科学家经过研究证明,向日葵等植物在生长过程中,选择斐波那契数列模式,花盘上种子的分布才最为有效,花盘也变得最结实,产生后代的概率也最高。这也是动植物在大自然中长期适应和进化的结果。"

"斐波那契数列这么重要,周老师以前讲数列时怎么没提起?"小明望着周老师。

"正因为重要,我才想以后单独对此开一堂课,没想到葛教授今天先提到了。这正好说明,数学理论来源于生活实践。"周老师解释。

　　这时,又有同学提出新问题:"前面介绍的都是植物个体的数学,放在森林层面,和数学的关系又是怎样的呢?"

　　"森林和数学的关系就更密切了,问题也更多了。比如一片自然生长的森林,里面有很多树木,这些树木的胸径、树高、蓄积,其分布都是有一定规律的,一般会遵循数学上的正态分布,就是接近平均值的树木最多,往两边逐渐减少。对森林里树木结构及生长规律进行的研究,就属于数理统计的内容了,当然还需要有森林经理学的基础。"说到这里,葛教授强调,"自然界就是一部百科全书,只要走进自然大课堂,仔细观察,用心聆听,定能有所发现,有所收获的。"

　　看到有同学还要提问,周老师连忙插话说:"植物中的数学问题,又不是一下子说得完的。我看葛教授也累了,我们先休息一会儿吧。"

　　听周老师一提醒,大家也觉得确实累了,就一屁股坐下来,喝水的喝水,吃零食的吃零食。待补充能量后继续听葛教授讲植物数学。

21 数学课

新城小学数学兴趣小组活动开展得有声有色,在社会上引起了很大反响,有些学校想仿效,就找上门来取经,他们说:"一花独放不是春,百花齐放春满园。你们要教教我们。"

新城小学领导经商量,决定派有数学教学经验的周老师和俞老师两人上门指导,帮助兄弟学校的学生们提高数学水平。

周老师来到 A 学校,见教室里已坐满了学生,周老师满意地点点头。他看正式上课时间还早,就走到学生中间闲聊,想测试一下。周老师首先问:"为什么人们宁愿吃生活的苦,也不愿吃学习的苦?"

没想到有一名学生马上说:"因为学习的苦需要主动去吃,而生活的苦你躺着不动它就来了。"

周老师伸出大拇指点赞,又出一题:"一名军官要求 24 名士兵站成 6 排,每排都是 5 人,士兵们全犯傻了。最后,一名士兵终于想出了一个好办法。他是怎样安排的?"

过了一会儿，又有一名学生报出了答案："排成六边形就行了。"

周老师很满意，心想这个学校学生的认知水平很不错嘛。这时上课时间到了，周老师走上讲台上数学课。

"今天上数学课，先问同学们几个问题。"周老师笑眯眯地问，"什么叫微积分？"

学生甲："老师，这个我懂，微积分就是微信里的积分，我刚查了一下，我已经满 1500 分了。"

周老师不悦："那什么叫绝对值？"

学生乙："老师，这个我最内行，我刚在淘宝里下单买了件很漂亮的衣服，才 88 元，绝对值的，老师，要不要给您来一件？"

周老师明显恼了："正态分布知道吗？"

学生丙："老师，这个我知道，我刚在看一宫斗剧，古代有个叫正态的人，大王经常派他去分布的。"

周老师大声问："那排列组合怎么理解？"

学生丁："老师，我天天在网上偷菜，我把各种蔬菜排列起来，将青菜、萝卜等进行重新组合，很好玩的。老师，你要不要来一局？"

周老师大怒："好！好！好！你们都是专家，这课没法上了，下课！"

俞老师来到了 B 学校，他走进教室，看到有个学生穿着鲜艳的衣服，问她衣服买来多少钱，她回答 1000 元钱，俞老师觉得有点贵。

她说:"贵? 我跟你说,这件衣服原价 2000 元,打了 5 折之后便宜一半,就等于我赚了 1000 元! 虽然我花出去 1000 元,但同时我又赚回来 1000 元,所以这件衣服相当于是白送、免费。是不是这样?"

俞老师被她的经济头脑震惊得久久说不出话来……

俞老师摇摇头,心想,我再出道题试试。俞老师出的题目是:几个学生排队上校车。4 个学生的前面有 4 个学生,4 个学生的后面有 4 个学生,4 个学生的中间也有 4 个学生。请问一共有几个学生?

不料,马上有学生报出答案:有 8 个学生。俞老师点点头,信心又回来了。他走到讲台前,对大家说:"数学里,有个美好的词叫求和,有个遗憾的词叫无解,有个霸气的词叫有且仅有,有个孤独的词叫假设存在,还有个悲伤的词叫无限接近却永不相交!"

见台下学生都静静地听着,俞老师开始上课。

俞老师:"同学们好,新学期开始了,今天第一节数学课,先问同学们几个问题。什么叫平行线?"

学生 A:"平行线就是你走你的路,我走我的道,两个人永远也碰不到。"

俞老师:"什么叫代数?"

学生 B:"我家里,爷爷是第一代,爸爸是第二代,我是第三代,这就是代数。"

俞老师:"什么叫三角?"

学生C:"电视剧里,甲喜欢乙,乙却喜欢丙,这就是三角。"

俞老师:"什么叫概率?"

学生D:"杭州亚运会上,中国女篮夺冠了,大家都说中国女篮姑娘很给力。"

俞老师点评:"A同学的数学是语文老师教的,B同学的数学是历史老师教的,C同学的数学是艺术老师教的,D同学的数学是体育老师教的。我教数学的还来教什么呢……下课。"

周老师和俞老师回来后,一阵感叹,认为都是网络惹的祸,现在网络游戏、肥皂剧、所谓脑筋急转弯泛滥,急功近利,而基础教学反而削弱了。他们写了一份报告,通过王校长转交给上级,希望能引起有关部门的高度重视。

22 二八定律

在一次数学兴趣小组活动时,周老师向大家介绍了二八定律,在现实生活中,20％的人掌握世上80％的财富。

小强问:"二八定律?没听说过,请周老师说给我们听。"

周老师说:"二八定律又叫马太效应、累积效应、滚雪球效应、规模效应、长尾效应。这是在1897年,意大利经济学者帕累托提出的。他在研究财富和收益时,发现大部分财富流向了少数人手里,而且在数学上呈现出一种稳定的微妙关系。最后,帕累托从大量事实中发现,社会上二成人占有八成社会财富。其实不仅仅是帕累托,古人很早就发现了社会中存在这样的规律:有权力者会越来越有权力;有财富者会越来越有财富;有名的人会越来越有名;有美貌者会越来越被人关注;有智慧者获得更多智慧;国家一旦强起来,会越来越强。"

同学们听呆了,频频点头,小琴窃窃私语:"周老师懂得真多,不但教数学,还懂经济。"

周老师继续说:"严格来说,这个二比八只是抽象描述,并非准确的数学表达。你们再看看身边:相当多的企业组织,20%的员工贡献了80%的价值;小部分国家控制着地球上的大部分资源;大部分独角兽企业在核心大城市;全球金融资源集中在纽约、伦敦、香港、新加坡等少数城市。所以,社会科学家和统计学家一直致力于把二八定律数量化、模型化、几何化。当然,这些模型化尝试都比较粗糙,直到物理学家巴拉巴西出现。"

"巴拉巴西是谁?他和二八定律有什么关系?"小明问。

周老师说:"巴拉巴西是美国物理学家,在1999年,他通过对网络结构的研究,确定幂律分布背后的无标度网。在统计学上存在各种分布,常见的有正态分布、泊松分布、二项分布等等。还有一种分布不太为人所熟知,这就是幂律分布。它的形成是来源于生活,因为人类网络结构非常特殊,20%左右是网络超级结点,这些超级结点接入社会的80%的资源。巴拉巴西发现,凡是在无标度网上传播、分布的资源、权力、信息、知识都遵循着幂律(二八)分布。"

听到这里,小明的兴趣上来了,他问:"那这个无标度网有什么特点?"

周老师说:"无标度网的特点包括,第一是自相似性(数学分形的社会学特点)。自相似性又叫规模不变性,动态增减不影响结构特点,如圆的大小不影响圆周率π。无论社会网络增大还是缩小,二八分布不会改变,自己与自己保持相似性,与网络的尺度大小无关,所以才叫无标度。第二是偏好连接。所谓偏好连接,无论自然事物还是生物行为,都会偏好中心节点,如雨滴的形成需要核心处有一个微粒灰尘作为凝结核,星系也至少需要一个核心恒星,生态中一棵大树周围会聚集一批小型生物。其实这是物理学中的最小作用量原理、经济学上的节约原理、博弈论中的弱者搭便车原理。第三是两极分化。中心节点的连接越多,资源也就越集中,于是,大部分网络节点只能占据20%左右的资源,在曲线图上形成一个长长的尾部。"

小明说:"我知道生物学中出现得最多的现象是正态分布,正态分布和幂律分布的最大区别是什么?"

周老师回答:"如果我们将正态分布看成是平民主义,那么幂律分布就像是精英主义。一个崇尚平等和公正,一个爱好自由和效率。一个偏向于公共治理,一个更偏向于市场自组织。到底哪一种选择更好,这应该由历史来回答。"

见同学们陷入沉思,周老师接着说:"前面说的是宏观社会现象,看到的是一个20%'超级中心'的节点网络。但每个人单独是零乱的,是无序的。只有在形成一种整体时,它才会形成一种有序的中心节点。"

小琴问:"那为什么有的人是中心节点,有的人是零散节点呢?"

周老师说:"这里面是有几种生物效应在起作用。一种是搭便车。搭便车式的占便宜是形成无标度网和二八分布的关键。

新加入社会网络的人,为了自己的利益,首先会选择加入已经占据优势的节点,实现利益最大化。一旦每个人都想和中心节点相连,就会增加中心节点对其他小节点的吸引,形成累积效应,最后形成强者越强的幂律分布。社会关系网、金融网、互联网社交软件是最显著的幂律分布,名人、金融中心、微信会聚集大量资源,而且轻易不能取代。能够抱住大腿的人,确实也得到了更多的回报。很多时候,第一名和第二名的差距很小,但是大部分人仍然会去投资第一名,导致第一名拥有的资源数量远远超过第二名。"

小强问:"那第二种效应是什么?"

周老师说:"第二种效应是乌合之众心理。从众心理和集体无意识其实也是占便宜的表现。跟随大众的选择,即使错了,错误的成本也会被平均分担,所谓法不责众。当大部分人都说皇帝穿了衣服,跟着说就是最优选择;购买东西时,看见已经有很多人购买,至少说明品质有保证,即使品质有问题,打官司时也人多势众。大部分人的知识和判断能力都比较差,面临着信息不足和信任问题,从众对他们而言不是非理性的盲目屈从,并非全是愚昧,而是个体利益最大化的理性选择。"

小丽问:"还有吗?"

周老师说:"还有就是模仿与创新效应。当某个坚持己见的人创新成功,就能打开一片天地;原先只是轻微地反对的人就会选择观望策略,然后从观望变成模仿者和山寨者。模仿的成本低,收益却有保障。模仿是绝大多数人绝大多数时候的博弈策略,新技术一旦发明出来,传播速度会非常快。不想付出代价又想得到好处的搭便车行为是人的固有本性。这种有意识的行为迫使后来者总是倾向于依附之前的强者,却恰好产生了强者越强的结果。"

"我听得云里雾里的,老师能不能举例说明?"小琴面露羞色。

周老师说:"好,比如你高中没有毕业,稀里糊涂地跟随自己的表兄来到杭州,然后稀里糊涂地找了一份工作,对于你个人来讲,你并无明确目标。但从宏观上来讲,因为你的加入,杭州强化了它的中心节点的力量。这就是强者越强的道理。"

"听来听去,我总觉得这强者越强是不道德的,也是不合理的。"小丽提出自己的观点。

周老师解释道:"虽然社会中的二八定律随处可见,比如几个大公司占据了绝大部分市场份额,几个国际金融城市吸收了绝大部分国际资本,几个大国操控世界局势,少数富人占有了大部分资产,甚至在演艺界也是如此,少数明星吸引了大部分流量,大量德艺双馨的演员不为人知,但事实上,大部分二八定律都是自发形成的,是普通人搭便车、抱大腿、从众、模仿的结果。因为大家都想和最优秀的节点连接,想从核心节点获得更多的回报,这是普通人利益最大化的理性化选择。两者是互利的。大型公司的垄断并不一定是坏的,它可能是消费者自发促成的自然垄断。城市金融中心的形成，是因为它提供了最好的金融服务，大家都趋之若鹜。把 80% 的资源花在能出关键效益的 20% 的方面，这 20% 的方面又能带动其余 80% 的发展。所以不能武断认为二八定律是不道德的。"

"那在我们中国，该如何理解这个二八定律？"小明关心的还是国内。

周老师说："我的理解是，二八定律不仅是一种社会规律，也是一种自然规律。自然形成的二八定律应该尊重。社会形成的二八定律应该有一个前提条件，它是在公平公正的环境下形成的。而这种公平公正的环境，一是健全的法制，二是契约精神。如果这两个前提不具备，那它很难形成一种健康的二八定律。1978 年改革开放至今，中国整体上走的是一条市场化的道路。邓小平说的让一部分人先富起来就是遵循了这样的规律。40 多年过去了，从财富上形成二八定律，这是符合设定的。当然，如果财富集中到了极少数人手里，那就不是二八定律了。"

听到这，同学们面露焦虑之色，周老师于是鼓励道："党和国家为什么要将欠发达地区脱贫致富作为一项攻坚战，就是为了解决这些社会问题，要让大家都过上好日子，相信过不了多久，这些问题会解决的。"

听到这里，同学们长舒一口气，似乎心里的疙瘩解开了。周老师也见好就收，让大家回去好好想想，以后再联系实际来谈体会。

23　买单

　　一个休息天,小明召集小强、小丽、小琴、小伟、小孙、小熊等同学在冷饮店聚会。小明见约好的几个同学都到齐了,便招呼大家:"我们边喝边聊。"

　　小强先申明:"老规矩,谁组织谁买单,我们今天蹭小明的。"

　　"这不行,这样以后就没有同学肯组织了。我有个建议,提出来和你们商量。"小明笑着说。

　　"说来听听。"其他同学齐声说。

　　"今天由我来出6道数学题,你们来解答,每人答1题,答错的同学买单。如果你们都答对了,那我心甘情愿付钱。"

　　小强、小丽等相互交流后,一致同意。

　　"那我们开始了。"小明说着从口袋里摸出10元钱,放在桌上,接着说,"我今天只带了10元钱买矿泉水,我问过店员,这里的矿泉水每瓶2元,但每2只空瓶可换1瓶,每4只瓶盖可换一瓶。问你们,今天我们最多能喝几瓶矿泉水?"

小伟马上回答:"可以喝 20 瓶矿泉水。"

"你要说出理由。"小明点着头说。

小伟说:"我们先喝完 20 瓶矿泉水,结账时,用 20 只空瓶抵 10 瓶矿泉水,20 只瓶盖抵 5 瓶矿泉水,另外 5 瓶,你付 10 元钱好了。"

众同学齐声叫好,小明说:"小伟你今晚免单了。"接着,小明出的题是:"我今天带来了一箱苹果,已知有 10 多个,如果按 5 个 5 个分,余 3 个,按 3 个 3 个分,余 2 个。问这箱苹果至少有几个?"

小明话音刚落,小丽就报出答案是 23 个,并且解释说:"23 除以 5 余 3;23 除以 3 余 2。这里面涉及同余理论,我前段时间刚自学过。"同学们鼓掌通过。

小明接着出题,他在纸上写出 5,5,5,5,5,说这 5 个 5,只用加减乘除及小括号,谁能算出结果是 24。

小琴想了一会儿,说这个不难,就在纸上写出一个算式。大家近前一看,只见上面写着:$(5-5÷5÷5)×5=24$。小强脑子转得快,马上验算出结果,完全正确。同学们一阵欢呼声。

"真不错,小琴厉害。来! 奖励矿泉水一杯。"小明连声夸赞。小琴乐得手舞足蹈。

剩下小强和小孙,你看看我,我看看你。小强对小孙说:"现在我俩压力山大了。"小孙拍拍胸脯说:"没事,大不了买单,又不差钱。"听得大家哈哈大笑。看到小孙顾自喝饮料,不慌不忙的样子,小强说:"小孙有这样的心态就一定没问题。"

"闲话少说,出题吧!"小孙卷起衣袖。

小伟说:"又不是要你上阵动武,现在是动脑,卷衣袖干吗?"同学们又是一阵笑。

下一个题目是:有若干个苹果和梨,苹果的个数是梨的个数的3倍,如果每天吃2个梨和5个苹果,那么梨吃完时还剩20个苹果,问有多少个梨? 多少个苹果?

小强说:"因为苹果是梨的3倍,当梨和苹果都吃完时,梨吃2个,苹果就得吃 $2 \times 3 = 6$ 个,而实际每天只吃了5个,说明每天少吃了一个苹果,剩下20个苹果,说明吃了20天,这样就知道了梨的个数是40,苹果的个数是120。"

小丽一验算,发现没问题,大家一起高呼起来。

最后一题是这样的:"青蛙掉进了5米深的井里,它白天可以往上面爬3米,但晚上要滑落2米,问这只青蛙几天能爬出来?"

小孙听完题哈哈大笑,端起一杯矿泉水一口倒进嘴里。小丽问:"小孙你答题啊,笑什么?"

小孙笑着说:"都说春晚不好看,幸亏我没听你们的。我看到春晚中有个相声节目,里面说到了这个题目,真是天助我也。"

"别扯开去,说答案。"小琴催促道。

"青蛙3天就能爬出来。"小孙双手比画着解释,"青蛙第一天爬到4米深的地方,第二天爬到3米深的地方,第三天白天往上爬3米,到达井口还不赶紧逃之夭夭吗?"

大家一起鼓掌。小明说:"你们都太厉害了,我说话算数,今天我买单了。"

"不好意思,让你破费了。"小强等同学客气一番。

小明爽朗地笑着说:"看到你们个个都精于计算,我比什么都高兴,出点钱是小事,我本来就准备好今天买单的。"

冷饮店里掌声雷动,气氛达到高潮。

24 斐波那契数列

到了 6 月初,新城小学的同学们真切感觉到,夏天是实实在在地来了。

六年级数学兴趣小组的活动一点都没有减少。为契合生机盎然的自然环境,学校将林业专家葛教授请进校园,让他介绍自然界中的数学现象。

在简单讲授了有关绿化造林的知识后,葛教授转身在黑板上写出一个数列:

1,1,2,3,5,8,13,21,34

然后问同学们:"这个数列的下一项是多少?"

小强看到这串数字,哈哈大笑,马上回答:"下一个数是 55。"

小琴觉得奇怪,忙问小强这个 55 是从哪里得出来的。

小强笑着说:"我一看到这串数字就觉得面熟,后来想起来是葛教授带我们野外实践时提到过的,说什么这些数字叫斐波那契数列,你们来看,这个数列从第三项开始,后面这个数是前面两个数的和。1＋1＝2,1＋2＝3,2＋3＝5,3＋5＝8,5＋8＝13,因此 21＋34＝55,结果就是这样来的。"

同学们一一验算,果然如此,都说太神奇了。得到葛教授的表扬后,小强乐不可支。小明故意为难小强,问他:"这么神奇的数列,那一定有来历的,你可知道?"

小强挠挠头,实话实说:"这个我真不知道。"然后他灵机一动,补上一句:"葛教授肯定知道!"

葛教授也被学生们逗乐了,他笑了笑后,就介绍起来。原来这个斐波那契数列,也叫兔子数列,因为它是通过兔子的繁殖摸索推论出来的,由意大利数学家斐波那契首先提出。斐波那契生于 1170 年,卒于 1250 年,是第一个研究印度和阿拉伯数学理论的欧洲人。在数学上,斐波那契数列以如下递推的方法定义:$F(1)＝1,F(2)＝1,F(n)＝F(n-1)+F(n-2)(n∈\mathbf{N})$。在现代物理、准晶体结构、化学等领域,斐波那契数列都有直接的应用,为此,美国数学会从 1963 年起出版了以斐波那契数列季刊为名的一份数学杂志,用于专门刊载这方面的研究成果。

一般而言,兔子在出生 2 个月后,就有繁殖能力,1 对兔子每个月能生出 1 对小兔子来。如果所有兔子都不死,那么 1 年以后可以繁殖多少对兔子呢?

不妨拿新出生的 1 对小兔子分析一下:第一个月小兔子没有繁殖能力,所以还是 1 对;2 个月后,生下 1 对小兔,共有 2 对;3 个月以后,老兔子又生下 1 对,因为小兔子还没有繁殖能力,所以一共是 3 对。

幼仔对数＝前月成兔对数,

成兔对数＝前月成兔对数＋前月幼仔对数,

总体对数＝本月成兔对数＋本月幼仔对数。

可以看出幼仔对数、成兔对数、总体对数都构成了一个数列。这个数列有个十分明显的特点,那就是:前面相邻两项之和,构成了后一项。

自然界中,遵循斐波那契数列规律的现象很多。有些植物的花瓣、萼片、果实的数目以及其他方面的特征,都非常符合斐波那契数列。比如松果、凤梨、树叶的排列及梅花、长春花、苹果花、百合、鸢尾和鸭跖草等花朵的花瓣数。

"斐波那契数列有什么特性?"小明入迷了。

"你们看,从第二项开始,每个奇数项的平方都比前后两项之积多 1,每个偶数项的平方都比前后两项之积少 1。"葛教授提示道。

同学们验算起来,从第二项开始,$1^2 = 1 \times 2 - 1$,$2^2 = 1 \times 3 + 1$,$3^2 = 2 \times 5 - 1$,$5^2 = 3 \times 8 + 1$,$8^2 = 5 \times 13 - 1$,…,完全符合此特性。

"难道这些植物掌握数学,懂得斐波那契数列?"小丽惊叫道,满脸疑惑。

"那倒未必,它们只是按照自然的规律才进化成这样。因为这是植物排列种子的'优化方式',它能使所有种子具有差不多的大小且疏密得当,不至于在圆心处挤了太多的种子而在圆周处却又稀稀拉拉。符合达尔文进化论学说。"葛教授这样认为。

"我们平常的生活中,会遇到斐波那契数吗?"小琴提问。

"经常会遇到,我给你们出一道题。有一段楼梯有 10 级台阶,规定每 1 步只能跨 1 级或 2 级台阶,要登上第十级台阶有几种不同的走法?"葛教授出题后,又补上一句,"等你们说出正确答案后我再继续讲下去。"

同学们赶紧算起来。登上第一级台阶只有 1 种登法;登上第二级台阶,有 2 种登法;登上第三级台阶,有 3 种登法;登上第四级台阶,有 5 种登法;登上第五级台阶,有 8 种登法……将这串数字记下来,1,2,3,5,8,…,这是一个斐波那契数列啊! 所以,登上第十级台阶,有 89 种走法。小强大呼小叫着把结果告诉葛教授。

葛教授点点头,又出一题,一枚均匀的硬币掷 10 次,问不连续出现正面的情形可能有多少种? 同学们还是采用上面同样方法,一次一次算下去,发现这也是一个斐波那契数列,这题的答案是 144 种。真是不算不知道,一算吓一跳。同学们对数学的神奇叹为观止。

"这些问题让我们去思考那些隐藏在表象之下的更深层次的规律,让我们能够与数学展开丰富的思想碰撞,这就达到了学习的目的。"葛教授引用保罗·洛特哈克在《一个数学家的叹息》中说过的一句话作为这堂课的结束语:"这就是制造想象的模式时有趣的地方——它们会回应!"。

25 天文数字

在一次数学兴趣小组活动时,小丽朗诵了自己创作的一首诗,想象力丰富,意味深长,引得同学们一致好评。

小强啧啧称奇,说:"小丽这首诗,拆开来每个字都很平常,但经她这么一组合,竟能产生如此强的感染力,真不可思议。"

"这有什么奇怪,这就是文学的魅力,也是文字的奇妙之处。"小明不以为意。

"我在想的是,要是大家都去写诗,诗会不会写光?"小强提出了新的问题。

"不说中国的汉字总数有几万个,就说常用汉字三千多个,不同汉字的排列组合可以组成不同的句子,三千多个字的不同组合,其数量大到你无法想象,起码是天文数字量级的,你怎么可能用得完呢?"小明反问小强。

"天文数字?有意思,你倒举例说说,现实中哪里有天文数字。"小强将信将疑。

"这个很多,比如大森林里草木的棵数,天上星星的颗数,海里游鱼的条数,沙滩上沙子的粒数,等等,都是不计其数的,俗称为天文数字。"小明解释起来。

"那这么大的数字,要怎么来表示呢?"小强追问。

小明正要回答,小丽抢着说:"我来讲个笑话,古代有个小孩去上私塾,老师教写数字,教到一、二、三时,小孩说我学会了,就回家去了。到了家里,奶奶问他你怎么回来了,小孩说,数字我都学会了。奶奶说是吗,那一百怎么写,你写给我看看。小孩就问奶奶要了把木梳,倒上墨汁,在纸上画啊画,要画出一百条横线来……"

小丽的故事还没有说完,同学们都笑得前仰后合。小明止住笑,说:"这虽然是笑话,但古代,要表示一个很大的数,确实是比较困难的。直到阿拉伯数字出现,才解决了这个问题。"

"阿拉伯数字怎么解决了这个问题?"小强穷追不舍。

"阿拉伯数字的基础数字就是 0,1,2,3,4,5,6,7,8,9 这 10 个数字,但由这 10 个数字可以组成无穷无尽的数字,只要你喜欢,在每个数字后面不断地添加数字就是了。比如 1,10,100,1000。"小明说得很耐心。

"我常常听到,张老板的财富为 1 后面有 7 个 0,李老板的财富为 1 后面有 8 个 0,王老板的财富为 1 后面有 9 个 0,这大概是在说他们财富很多吧?"小琴把话题岔开了。

"我觉得,不管 1 后面跟着多少个 0,还是前面的 1 最重要,如果前面的 1 倒下了,后面再多的 0 有什么用。"小丽表明自己的观点。她的话引起了同学们的共鸣。

但也有同学不认同,小伟说:"小丽想多了,感觉有吃不到葡萄说葡萄酸的味道。"小伟这样一说,引起了同学们的争论。

"你们争这些有什么意思,我还是关心该如何表示一个很大很大的数,难道只能在数字后面不断地添数位吗?"小强把话题拉回来。

小明说:"是的,早的时候是这样的,比如目前已知的宇宙中所有原子的数目是一个很大的数,约等于 30000000000000000000 00000000000000000000000000000000000000000000000000000000,就是在 3 后面要写 74 个 0,手腕都要写发酸了。"

"这个和小丽讲的笑话里小孩用木梳画横条有点相同了,有没有更简便的表示法呢?"小强看着一长串 0,头都发晕了。

"有简便办法,数学家后来发明了'算术简示法'。上面这个数可以写成 3×10^{74},在这里,10^{74} 表示 10 的 74 次方,就是在 1 后面写 74 个 0,换句话说,这个数字意味着 3 要用 10 乘上 74 次。"小明说得简明扼要。

"是啊,这样就简单了,后面不管多少 0,都可以这样表示。"小琴叹息一声,放下心来。

"那有没有最大的数?"小强问个不停。

"不存在最大的数,也无法表达最大的数,数学上将那些趋向于最大的数叫无穷大,就是其数位是无穷无尽的,怎么写也写不完。"小明回答后,又补充说:"正因为宇宙是无边无际的,数字也是无穷无尽的,这样才有意思,只有不断去探索未知的东西,人生才更有乐趣,更有意义。"

"那最小的数字呢?"小孙继续问。

"最小的数字就是什么也没有,就是 0,你连这个也不知道。"小丽对着小孙说。

小明接过话题说:"相对于无穷大,还有无穷小,无穷大的倒数就是无穷小,就是将 1 分成无穷多份,每一份就是无穷小,趋向于 0。"

"那前面提到的原子是无穷小吗? 还有天文数字是无穷大吗?"小孙很好学,他才不在乎小丽说他。

"原子虽然很小,但还是实实在在的数,所以不是无穷小;同样,天文数字虽然很大,也不是无穷大。随着科学的发展,更小的和更大的物质都在不断被发现。有本事,你们也可以去探索研究。"小明俨然如哲学老师。

小孙激动地点着头,说:"小明,你怎么什么都懂,我好羡慕啊!"

"我只懂得点皮毛,所以我们要来参加数学兴趣小组学习,多掌握些知识技能。"小明这次表现得很谦逊。

小强还是不放过,又问:"在我们的现实生活中,会遇到很大很大的数吗?"

小明不知道该如何回答这个问题,刚好周老师来了,就接过话题,说:"会的,事实上,在许多看起来很简单的问题中,也经常会遇到极大的数字,尽管你原先肯定想不到。"

"请周老师举例说明。"小强央求道。

周老师拿出一副扑克牌,对同学们说:"现在有一副去了大小王、牌数为 52 的标准扑克牌,按照某种顺序堆叠在一起,每一种不同的堆叠称为牌组的'排列方式'。试问这样一副 52 张牌组成的扑克牌,到底有多少种排列方式?"

"这个数字不会很大吧?"小强不知道该怎么样算,就试探着问。

周老师没直接回答,而是进一步出了一个题:以下 3 个数字,哪个最大?

A. 宇宙中恒星的数量

B. 宇宙大爆炸距今的时间

C. 52 张牌不同排列方式的种数

小强抢着说:"虽然我不知道 A 和 B 的结果,但我想它们一定比 C 大。"

"你不通过计算,怎么能随便下结论呢?"小明怼他。

"可是这些天文数字我确实不知道。"小强两手一摊,表示很无奈。

周老师告诉大家,据天文学家估计,宇宙中全部恒星的数量大约为 10^{23},也就是 23 个 10 相乘,或者说是一个由 1 和 23 个 0 组成的庞大数字。此外,天文数据表明,宇宙的年龄大约为 138 亿岁,也就是距今不到 10^{18} 秒,可见 A 比 B 要大得多。

"那 C 又是怎么样一个数呢?"小强追问。

小明抢先说:"对 C 的计算,我是这样理解的:挑选第一张牌有 52 种可能性,之后再挑选第二张牌就只剩下 51 种可能性,挑选第三张牌就只剩下 50 种可能性……以此类推,从 52 到 1 一共 52 个数字,把这 52 个数字乘在一起就是 C 的值。也就是说,C＝52×51×50×…×2×1。至于这个数有多大,我一时还没有弄清楚。"

周老师对小明表示赞赏,接着说:"上式 C 的值可以写成'52!',读作 52 的阶乘,其中感叹号就是阶乘符号(例如 5! 就代表着 $5×4×3×2×1＝120$)。这个阶乘符号是以后学习排列组合时经常要用到的。"

"那 52! 是多大的一个数呢?"这个连小明也想不明白。

"52! 大约等于 10^{68}。"周老师说出了答案。

"啊,这么大的数啊!"同学们惊叫起来。

周老师进一步分析道:"52 张牌竟然有这么多种排列方式,这个数字远远超过了 A 和 B。假设在宇宙大爆炸之初就开始洗牌,每秒洗一次,就算你一直洗到今天,和扑克牌的全部排列方式相比,你见证过的那些排列方式加在一起也不过是沧海一粟。换句话说,每次洗牌,都是一次创新。"

同学们惊得目瞪口呆。"真是不算不知道,一算吓一跳。原来一副扑克牌里就藏着天文数字。"小强张大嘴巴,满脸惊讶。

周老师说:"数学的本质是探索,我们学习数学,要多问几个'为什么''怎么会?''我这样试一下行不行'。"

26 购物

　　有一次,周老师在给数学兴趣小组上课时,给同学们出了一道思考题:

　　取两个大小一样的玻璃杯,向其中一只杯倒入半杯容量的水,称其为水杯,向另一只杯倒入半杯容量的酒,称其为酒杯,然后从酒杯里舀一勺酒倒入水杯,让水和酒混合在一起,不用在意混合程度是否均匀。最后,从这杯水酒混合液中舀一勺液体倒入刚才的酒杯中。问现在到底是水杯中的酒多,还是酒杯中的水多?

　　开始,同学们没反应过来,以为周老师出的题一定很难,越想越复杂,反而很久都算不出来,后经周老师提醒,要大家不要想得太多,小明才醒悟过来,一下子报出答案:水杯中的酒和酒杯中的水是一样多的。

　　小强还没有意识到,就要小明解释清楚。小明笑着说:"实际上这道题很简单,原来水和酒是一样多的,分别用同样数量倒来倒去,倒完后,两只杯子的总量相同,因此水杯中减少的水等于酒杯中减少的酒,也即水杯中的酒和酒杯中的水是一样多的。这是总量不变性决定的。"

"是啊,我怎么没想到。"小强恍然大悟。

周老师接着说:"既然你们说这道题简单,那我来一道难的,但只要肯动脑筋,又是不难做出来的。"

小丽开玩笑道:"周老师快出题吧,让我看看到底是难还是不难。"

周老师出的第二题是:某一整数的个位数是 2,把 2 移到最前方,数字立刻变成 2 倍,请问原来的数字是多少?

这下小强脑子转得快,他想这个一定要从这个数的个位算起,因为把个位数 2 移到最前方,数字变成两倍,所以原来的十位数为 4(2×2=4),同样道理,其百位数是 8(2×4=8),其千位数为 6(2×8=16),其万位数为 3(2×6+1=13),以此类推,一步步做下去,就能求出答案。可以看出,此数最高位的数字必然是 1,所以当其中 1 个数字乘以 2,再加上由下位所移上的 1 或 0,和的最高位为 1 时就可停止计算,故问题的答案是:

105263157894736842

小孙赶紧验算起来,105263157894736842 × 2 = 210526315789473684,完全正确。同学们欢呼起来,小强高兴得跳起来。

周老师也为小强点赞,表扬他进步快。接着,周老师又提问,这个答案是唯一的吗?

小强如有神助,一下子反应过来,马上回答:"当然,此题的答案并非唯一,如果按上述方法继续下去,还可求出其他的答案,并且显然是无穷无尽的,但这些答案的各位数字都是由上述数字所组合而成。"

周老师很高兴,说要奖励同学们,看到教室对面的小店门开着,就过去买了 4 根火腿肠、1 瓶农夫山泉、10 只面包,店老板收了他 33.8 元钱。同学们分着吃完了,觉得还不够,小强也跑过去买了 3 根火腿肠、1 瓶农夫山泉、7 只面包,付了 25.2 元钱。小强买回来的又很快吃完了。小熊还想吃,就走到小强面前,说:"我想买 2 根火腿肠、2 瓶农夫山泉、2 只面包,但我口袋里只有 15 元钱,不知道够不够?"

小强故意为难小熊,说:"根据周老师和我刚才购买的结果,你自己算算,需要多少钱,算清楚了再来问我。"

小熊算来算去算不出结果,就向小明求助。小明解释说:"我来归纳一下,现在已知 4 根火腿肠+1 瓶农夫山泉+10 只面包=33.8 元(周老师买的),3 根火腿肠+1 瓶农夫山泉+7 只面包=25.2 元(小强买的)。将周老师买的减去小强买的就是 1 根火腿肠+3 只面包=8.6 元,这个结果乘以 2 就是 2 根火腿肠+6 只面包=17.2 元。再将小强买的减去这个结果就是 1 根火腿肠+1 瓶农夫山泉+1 只面包=8 元,乘以 2 就是 2 根火腿肠+2 瓶农夫山泉+2 只面包=16 元。小熊你说,你这 15 元钱够不够?"

小熊不好意思地说:"这下我知道了,还差 1 元。"转过身对着店老板大喊:"少你 1 元钱,你面包少给我半只好了。"

同学们哄堂大笑。也有同学提出,小明这样讲了一遍,听得云里雾里的,能不能说得更清楚些。

小明说,那我将算式列出来。要大家看下面的等式:

4 火+1 农+10 面=33.8(1)

3 火+1 农+7 面=25.2(2)

(1)-(2)得:1 火+3 面=8.6(3)

(3)×2 得:2 火+6 面=17.2(4)

(2)-(4)得:1 火+1 农+1 面=8(5)

(5)×2 得:2 火+2 农+2 面=16(6)

算式列到这里,小明说:"这样够清楚了吧!"现场爆发出一阵掌声。小熊嘟囔了一句"姜还是老的辣",表示由衷的佩服。

吃完了零食,兴趣小组的活动继续进行。

27　亲和数

　　在数学兴趣小组里，男同学中，小明和小强最要好，像小兄弟一样，女同学中，小丽和小琴最要好，像小姐妹一样。小兄弟、小姐妹就是这样，好起来好得不得了，天天黏在一起，有时也会因一言不合而相互吵起来，但过不了多久就会重归于好。

　　周老师辅导他们，对此了如指掌。有一次兴趣小组活动时，小明和小强又为一道题吵上了。周老师先是批评了他俩，接着说了一句："你们要学学数学上的亲和数，我中有你，你中有我，取长补短，那样就完美了。"

　　"亲和数，没听说过，什么叫亲和数？"听到有新数出现，小强顾不上和小明较劲，马上把注意力集中到周老师这里。小明也露出渴望的神色。

　　"亲和数，又称相亲数、友爱数、友好数，指两个正整数中，彼此的全部约数之和（本身除外）与另一方相等。"周老师介绍起来。

"这样理解起来费劲,老师举个例子吧!"因为是兴趣活动,和周老师也混熟了,同学们有时说话比较随意,所以小丽就直接提要求了。

周老师很随和,按照小丽所说,在黑板上写出 220 与 284 这对数,要同学们自己动手,把这两个数的真约数(即不是自身的约数)找出来。过了一会儿,周老师写出等式,220 的所有真约数之和为:$1+2+4+5+10+11+20+22+44+55+110=284$。而 284 的所有真约数之和为:$1+2+4+71+142=220$。"就是说,220 的所有真约数之和为 284,而 284 的所有真约数之和为 220,因此 220 和 284 相互称为亲和数。"周老师举例说明。

"原来是这样子的,真好玩,那老师为什么以 220 和 284 为例,还有更小的亲和数吗?"同学们的兴趣被引爆了。

"220 和 284 是人类最早发现,又是最小的一对亲和数。"周老师回答。

"是谁最早发现的?"问题接踵而来。

"这个说来话长,我慢慢介绍。"周老师想了想,缓缓说起来。

很早以前的古希腊时代,有个毕达哥拉斯学派,认为数为万物之源,称"万物皆数"。他们把奇数命名为"女人数",把偶数命名为"男人数",以数"5"表示结婚或联合,以数"6"象征完满的婚姻以及健康和美丽。他们又把世间的一切事物都用数来表示,即把数加以事物化,如"1"代表"同一","2"代表"对立"或"意见","3"代表"实在","9"代表"正义","10"代表"理性"或"完满",

等等。

"这和我们说的一分为二、六六大顺、九九归一、十全十美，是不是有异曲同工之感?"小强插了一句。

"别乱说,听周老师的。"小明朝小强使了个眼色。

周老师继续介绍,据说,毕达哥拉斯的一个门徒曾向他提出这样一个问题:"我结交朋友时,存在着数的作用吗?"毕达哥拉斯毫不犹豫地回答:"朋友是你的灵魂的倩影,要像220和284一样亲密。"又说:"什么叫朋友? 就像这两个数,一个是你,另一个是我。"后来,毕达哥拉斯学派宣传说:人之间讲友谊,数之间也有"相亲相爱"。从此,把220和284叫作"亲和数",或者叫"友好数",或叫"相亲数"。这就是关于"亲和数"这个名称来源的传说。后来,人们也把这两个数字叫作恋爱数字,据说中世纪的时候曾经流行一种成对的护身符,一个刻着220,一个刻着284,用来祈求恋情顺利。

"就是说,亲和数是毕达哥拉斯最先提到的。"小丽问。

周老师点点头,感叹道:"爱情当然没有数学那样理性,充满着变数和不定。然而两个数字当中,你中有我,我中有你,就好像他的生命里隐匿着她的身影,而她的生命里也藏纳着他的灵魂。"

"那还有其他亲和数吗?"新的问题又来了。

"当然有! 亲和数是数论王国中的一朵小花,它有漫长的发现历史和美丽动人的传说。常言道,知音难觅,寻找亲和数使后代的数学家绞尽了脑汁。自从毕达哥拉斯提出220和284这对亲和数后,无数个数学家倾其一生去寻找它们,有的触碰到冰山一角,有的耗尽毕生心血也一无所获。直到1636年,法国的'业余数学家之王'费马终于找到了第二对亲和数:17296和18416。两年后,'解析几何之父'法国的数学家笛卡儿找到了第三对亲和数:9437056和9363584。费马和笛卡儿在两年的时间里,打破了两千多年的沉寂,激起了数学界重新寻找亲和数的波涛。大数学家欧拉在1747年一下子发现了30对亲和数,1750年又补充增加到60对。"周老师一一道来。

"这些亲和数是不是从小到大被发现的?"同学们很好奇,问题也五花八门。

"也不是这样,令费马、笛卡儿、欧拉等大数学家没想到的是,自己苦苦寻找的亲和数,竟有漏网之鱼。1867年,意大利有一个爱动脑筋,勤于计算的中学生——帕格尼尼,他在16岁时竟然发现了欧拉遗漏的一对亲和数1184和1210。这位'民间小数学家'戏剧性的发现,让许多数学家对征服亲和数的欲望更加强烈了,纷纷扎入亲和数的坑,力证自己不比这少年差!现在已确定三位数的亲和数只有220和284一对;四位数的亲和数有1184和1210,2620和2924,5020和5564,6232和6368,共四对;五位数的亲和数有八对;六位数的亲和数有二十九对。"说到这里,周老师停了下来。

"我也要去找找看。"小强在下面窃窃私语。

"你拉倒吧。"小明比较理性,回了小强一句后,又问周老师现在亲和数的研究情况。

周老师说:"到了 1923 年,数学家麦达其和叶维勒汇总前人研究成果与自己的研究,发表了 1095 对亲和数,其中最大的数有 25 位。同年,另一个荷兰数学家里勒找到了一对有 152 位数的亲和数。随着电子计算机的诞生,科学家们找到的亲和数越来越多。然而数学研究的根本是寻找事物的一般规律。亲和数的一般规律至今还没有找到,就是说,亲和数养在深闺人未知,作为数学研究来说,这事远远没完。"

"在亲和数研究上还有什么问题?"小强颇有跃跃欲试的味道。

"问题很多! 主要有两方面:一是寻找新的亲和数;二是寻找亲和数的表达公式。现今,关于亲和数的研究有一个问题:一对亲和数的数值越大,这两个数之比越接近于 1,这是亲和数所具有的规律吗? 还有一个是欧拉提出的问题,是否存在一对亲和数,其中有一个奇数,另一个是偶数? 因为现在发现的所有成对亲和数要么都是偶数,要么都是奇数。这个问题 200 多年来也尚未解决。"说到这里,周老师望着大家,鼓励道,"这些猜想正在等着一位有缘人去掀开它的面纱,同学们,努力吧,说不定你们中有人能解开这个谜,下一个菲尔兹奖得主就是你!"

在一阵雷鸣般的掌声中,周老师给同学们留下了一道研究题,内容是:成对亲和数可以推广为若干个数组成的亲和数链,链中的每一个数的真约数之和恰好等于下一个数。如此连续,最后一个数的真约数之和等于第一个数。如 A—B—C—D—

E—…—A,形成一个闭环。目前发现的最大的亲和数链由 28 个数构成,这个链的第一个数是 14316。请大家算出这个环上的后面几个数。

看到同学们动起笔来,周老师露出了欣慰的笑容。

备注:目前发现的最大的亲和数链是:14316—19116—31704—47616—83328—177792—295488—629072—589786—294896—358336—418904—366556—274924—275444—243760—376736—318028—285778—152990—122410—97946—48976—45946—22976—22744—19916—17716—14316

28 勾股数

上一堂课,数学兴趣小组被你中有我、我中有你的亲和数吸引住了,觉得这一对对亲和数真的像情侣一样,难舍难分。等到下一次兴趣小组活动时,小琴向周老师提出了一个新问题,她说:"我们已知亲和数是成双成对的,有没有三个数为一组的数?"

"有啊! 勾股数就是由三个数组成的。"周老师不假思索地回答。

"勾股数? 还有这种叫法的数,这又有什么说法呢?"同学们很好奇,都围拢在周老师旁边。

周老师说:"我先说定义,若三个正整数 a,b,c 满足 $a^2+b^2=c^2$,则称 a,b,c 是勾股数。"话音刚落,小丽又要周老师举例说明。

"比如 $3^2+4^2=5^2$,$(3,4,5)$ 就是一组勾股数。另外$(5,12,13)(7,24,25)$等都是勾股数。"周老师一连举了三个例了。

"这些数为什么叫勾股数呢?"小丽觉得这里面一定有故事。

"这是因为满足 $a^2 + b^2 = c^2$ 的数和直角三角形的三条边的长度刚好相吻合。中国古代数学家称直角三角形为勾股形,较短的直角边称为勾,另一直角边称为股,斜边称为弦。如图所示。"周老师在黑板上画出了图。

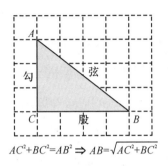

$$AC^2 + BC^2 = AB^2 \Rightarrow AB = \sqrt{AC^2 + BC^2}$$

"怎么刚刚在讲数,又转变成形了?"小琴脑子一下子转不过来。

"数和形本来就是紧密相连不可分离的,我们学数学,不光要心中有数,还要脑中有形。"说到这里,周老师指着上图,介绍起勾股定理。

早在公元前 1000 多年,商高答周公曰:"故折矩,以为勾广三,股修四,径隅五。既方之,外半其一矩,环而共盘,得成三四五。两矩共长二十有五,是谓积矩。"因此,勾股定理在中国又称"商高定理",这个事实就说成"勾三股四弦五"。公元前 7 至 6 世纪的陈子,提出了任意直角三角形的三边关系:"以日下为勾,日高为股,勾、股各乘并开方除之得斜至日。"这就是说直角三角形两个直角边平方的和等于斜边的平方。所以,中国是发现和研究勾股定理最古老的国家之一。在陈子后一两百年,希腊的著名数学家毕达哥拉斯发现了这个定理,因此世界上许多国家都称勾股定理为毕达哥拉斯定理。

"这个定理有什么重要意义?"有同学问。

"勾股定理是几何学中一颗光彩夺目的明珠,被称为'几何学的基石',在数学和其他学科中都有着极为广泛的应用。它是用代数思想解决几何问题的最重要的工具之一,是数形结合的纽带之一。其重要意义包括:第一,勾股定理是联系数学中最基本也是最原始的两个对象——数与形的第一定理;第二,勾股定理深刻揭示了数与量的区别,即所谓'无理数'与有理数的差别,这就是所谓的第一次数学危机;第三,勾股定理开始把数学由计算与测量的技术转变为证明与推理的科学;第四,勾股定理中的公式是第一个不定方程,也是最早得出完整解答的不定方程,它一方面引导到各式各样的不定方程,另一方面也为不定方程的解题程序树立了一个范式。"周老师侃侃而谈。

"我想起来了,以前我们学无理数时讲到,在一个直角三角形中,两条直角边的长度都为 1 时,其斜边的长度是 2 的算术平方根,这个数就是个无限的不循环的小数,大约是 1.414,是个无理数。据说发现无理数的希伯索斯还为此付出了生命的代价。"小明反应快,能融会贯通,把以前学过的知识联系起来。

"也就是说,勾股数是从直角三角形的勾股弦这里引申过来的,当直角三角形的三条边长都为整数时,就构成了一组勾股数,除了前面提到的三组勾股数,你们动手算算,看能否再算几组出来。"周老师出了个题。

只过了一会儿,小丽报出了$(6,8,10)$,小琴报出了$(8,15,17)$,小孙报出了$(9,12,15)$,小强报出了$(9,40,41)$,小明报出了$(10,24,26)$。这 5 组数都是勾股数,周老师频频点头给予肯定。

"看来勾股数是无穷无尽的。"小明自言自语。

周老师没有直接回答,而是提到了费马。1621 年时,费马在读一本关于直角三角形的书的时候,在书上空白处写了一些简单的笔记,并且指出:$a^2+b^2=c^2$ 有无穷多组整数解(回答了勾股数是无限多的)。而形如 $a^n+b^n=c^n$ 的方程,当 n 大于 2 时,永远没有整数解。费马后来说,他当时想出了一个绝妙的证明方法,但是书上的空白太窄了,写不完。

"也就是说,像 $a^3+b^3=c^3$、$a^4+b^4=c^4$ 等都没有整数解。"小明很惊奇。

"是的,这就是费马大定理,也叫费马猜想,是个大难题,一直到 1995 年才被英国数学家安德鲁·怀尔斯证明。"周老师继续说下去,"费马去世后,人们找到了他留下记录的那本书,里面的笔记也公布了。从那时起,世界上最优秀的数学家们都尝试证明费马写笔记时所想到的猜测,但都没有成功。欧拉证明了方程 $a^3+b^3=c^3$ 和 $a^4+b^4=c^4$ 不可能有整数解。狄利克雷证明了 $a^5+b^5=c^5$ 不可能有整数解。后来的数学家证明了,在 n 小于 269 的情况下,费马的这个方程都没有整数解。一直到 1995 年,

对指数 n 在任何值下都成立的普遍证明才得以完成。"说到这里,周老师长嘘了一口气。

"那费马当时不知道是不是真的证明出来了?"小强觉得好奇。

"人们越来越倾向于认为,费马或者根本没有进行证明,或者在证明过程中有什么地方搞错了。后来,曾经有人悬赏过 10 万马克,奖给在他逝世后 100 年内,第一个证明该定理的人。"周老师感叹不已。

"怀尔斯是通过什么方法证明出的?"小明钦佩极了。

"怀尔斯的证明过程亦颇具戏剧性。他先是用了 7 年时间,在不为人知的情况下,得出了证明的大部分;然后于 1993 年 6 月在一个学术会议上宣布了他的证明,并瞬间成为世界头条。但在审批证明的过程中,专家发现了一个极严重的错误,然后怀尔斯和泰勒用了近一年时间尝试补救,终于在 1994 年 9 月以一个怀尔斯之前抛弃过的方法得到成功。因为证明过程太复杂,我也不是很懂,在这里就不多说了。"周老师实话实说。

"好了,我们还是回头讨论勾股数吧!"小孙的一句话,把大家都逗乐了。

29　生日

数学兴趣小组一共有 25 名同学,小强的数学成绩没有小明好,但人缘却比小明好。有一天兴趣小组活动时,小强收到班里两位同学的邀请,他俩都是今天生日,都要小强参加庆典。小强分身乏术,很郁闷,觉得怎么会发生这种事,这也太巧了。

"这有什么可奇怪的,并非不可能发生的事情。"小明觉得这很正常。

"我不是说这不可能,而是觉得出现这种情况的可能性很小。"小强解释。

小明问他有没有算过,小强摇摇头。"你既然没有计算过,怎么能认定这种可能性很小呢?"小明不以为然。

"一年有 365 天,而我在这里只有 24 个同学,用不着算,可想而知这种情况是很难发生的。"小强再次强调自己的观点。

"可是,我凭直觉认为这种可能性很大。"小明毫不妥协。

一个说正常,一个说不正常,两个好朋友就争论起来。正好周老师来了,听明白他们争吵的原因后,告诉大家,24 个同学生日都不在同一天的概率约为 0.46,换句话说,24 个同学至少有 2 人生日在同一天的概率约为 0.54,所以出现这种情况的可能性是比较大的。

听到这个结果,小明很得意。可不光小强不乐意,班级里很多同学也不相信。小强就缠着周老师,要他解释清楚。

周老师说:"好吧! 这是一个计算某事件出现的可能性的问题,数学上称为概率。我今天就给你们讲讲概率。"

周老师从口袋里摸出一个硬币,说:"最简单的概率问题就是掷硬币。大家知道,正常情况下,掷出的硬币正面朝上和反面朝上的概率是相等的,就是各占一半的可能性,记为 $1/2$,$1/2+1/2=1$,在概率论上,整数 1 代表着必然,0 代表着不可能。掷一次硬币只有正面和反面 2 种情况,现在我问,掷 2 次硬币会出现几种情况呢?"

"应该是(正、正)(正、反)(反、正)(反、反)这 4 种情况。"小强觉得这个问题简单,马上说出结果。

"那这 4 种情况出现的可能性(概率)分别是多少呢?"周老师继续问。

"应该是一样的,就是说各占 $1/4$。"小明回答。

"是的,就是说掷 2 次硬币,得两个正面的机会是 $1/4$,得两个反面的机会也是 $1/4$,得一正一反的机会是 $2/4$,即 $1/2$,$1/4+1/4+1/2=1$,说明每掷 2 次硬币,出现的结果总是这 3 种情况。

那么掷 3 次硬币呢,会出现几种结果呢?"周老师层层推进。

"会出现(正、正、正)(正、正、反)(正、反、正)(正、反、反)(反、正、正)(反、正、反)(反、反、正)(反、反、反)这 8 种情况。"这个难不倒小强。

周老师点点头,说:"是的,这 8 种情况都可能出现,并且每种情况出现的可能性是相同的,因此,出现(正、正、正)的机会是 1/8,出现(反、反、反)的机会也是 1/8,另外的可能性被两正一反和两反一正 2 种情况均分,各得 3/8。1/8+1/8+3/8+3/8=1,就是全部可能性。"

看到同学们全神贯注地听着,并不停点头,周老师继续说下去。显然,掷的次数越多,出现的各种可能性也越多,比如掷 10 次时,就会有 1024(即 $2 \times 2 \times 2 \times 2 \times 2 \times 2 \times 2 \times 2 \times 2 \times 2$)种可能性。依次类推,从前面的结果分析,可以得出概率大小的简单法则并把它运用到较复杂的情况中去。

首先看到,掷 2 次时得(正、正)的概率等于第一次和第二次分别得到正面的概率之乘积,即 $1/4=1/2 \times 1/2$。同样,连得(正、正、正)及(正、正、正、正)的概率也等于每次分别得到正面的概率之乘积,即 $1/8=1/2 \times 1/2 \times 1/2$,$1/16=1/2 \times 1/2 \times 1/2 \times 1/2$。因此,如果问连掷 10 次都得到正面的机会有多大,就是将 1/2 连乘 10 次,这个数大约是 0.00098,这表明出现这种情况的可能性很小,大概只有千分之一的机会。这就是"概率相乘"法则。具体地说,如果你需要同时得到几个不同的事件,你可以把单独实现每一个事件的概率相乘来得到总的概率。

"就是说,要同时实现很多事是很困难的。"小丽这样解读。

"可以这样理解吧!"周老师接着又介绍另外一个法则,即"概率相加"法则,意思是:如果你需要几个事件当中的一个(无论哪一个都行),这个概率就等于所需要的各个事件单独实现的概率之和。比如掷2次硬币,(正、反)和(反、正)单独实现的概率都等于1/4,而得到一正一反的概率为1/4+1/4=1/2,这里先正后反和先反后正都符合一正一反的要求,因此其概率是可以相加的。

"是不是可以这样理解,在同等条件下,要求越多,越不容易做到,要求越少,就越容易做到。"小琴插了一句。

"掷硬币只有正、反两种情况,比较好理解,能否举复杂点的例子?"小明数学基础好,要求高。

"解决问题要从简单到复杂,一步步来。理解了掷硬币的概率,我们再来看扑克牌。"周老师又拿来一副扑克牌,将大小王拿走,剩下52张牌,分别是4种花色,每种花色有2,3,4,5,6,7,8,9,10,J,Q,K,A共13张牌。周老师从扑克牌中抽出5张牌交给小强,问这5张牌是"同花"(即5张牌都属于同一花色)的概率有多大。

小明说:"我是这样理解的,这是一个概率相乘的问题。题目要求是同花,没有说一定要哪一种花色,因此,第一张是什么牌都可以,概率是1;在摸去第一张以后,这种花色剩下12张,牌的张数是 51 张,因此,第二张也属于这一花色的概率为 12/51;同样,第三、第四、第五张依然属于同一花色的概率分别为 11/50、10/49、9/48,根据概率相乘法则,5 张牌是'同花'的概率是 1×(12/51)×(11/50)×(10/49)×(9/48)=11880/5997600,约为 1/500。也就是说,在 52 张牌里抽取 5 张牌,是'同花'的概率约为 1/500,机会很少。"

看到小明的理解能力这么强,周老师很欣慰。又提出一个问题,同样是 5 张牌,出现"3 带 2"的概率是多少,所谓"3 带 2"是指像(K,K,K,3,3)这样的组合。

有小明前面的分析经验,小强也学着做起来,他说:"这种情况,摸第一张牌和第二张牌都是什么牌都可以的,概率都是 1;后面问题转化为在 50 张牌里摸符合条件的 6 张牌,后面三张牌的概率分别是 6/50、5/49、4/48,因此,5 张牌是'3 带 2'的概率是 1×1×(6/50)×(5/49)×(4/48)=120/117600,约为 1/1000。这差不多是'同花'概率的一半,更难摸到。"

小强的表现令周老师刮目相看,对他大加赞赏,当然周老师也指出,实际上"3 带 2"的概率还要小一些,因为小强的计算中还包括了"4 带 1"(俗称"炸弹")的情况,出现"炸弹"的概率是 2×[(3/50)×(2/49)×(1/48)]=12/117600,所以,5 张牌是"3 带 2"的正确概率是 108/117600,小强能够做到这一步已经非常不错了。

"我在想,概率这些内容是玩牌的人先发明的吧?"小琴推测。大家都笑了。

不管谁先发明，得到周老师的表扬，小强很高兴，乘机提出，前面那个生日重合的可能性问题还没有解决呢。

周老师说："我们先来算 24 个人生日各不相同的概率。第一个人可以是任意一天，概率是 1；第二个人的生日和第一个人不相同的概率为 364/365；同样，第三个人的生日和前面两个人不相同的概率为 363/365；后面的人依次为 362/365、361/365、……，最后一个人的概率为 342/365；所有这些人的生日都不相同的概率为(364/365)×(363/365)×(362/365)×…×(342/365)。这个结果约为 0.46，就是我前面说过的结果。"

听到这里，小明抢着说："也就是说，小强在兴趣班的同学中，没有两个人在同一天过生日的可能性是 46％，而有重合的可能性是 54％，所以，有两位同学在同一天过生日很正常，说明我的直觉是对的。"

"算你牛。"小强冲小明努努嘴，算是服气了。

"那你还不快去参加生日派对。"小丽提醒小强。教室里传来阵阵欢笑声。

30 推理

　　数学兴趣小组一次课上,周老师讲到解数学题的基本思路和方法,特别强调了推理的重要性。他说:"推理是指从已知的事实或假设中推断出新的事实或结论的过程。在数学题中,都是告诉你一些已知条件,要求你通过求证,得出所需要的结论。求证过程就是你思考的过程,其中推理是一种重要方法。"

　　"老师举例说明怎样用推理解题吧!"小丽最喜欢举例说明。

　　周老师想了想后,说:"这样吧,我们以练促教,我出几个动脑筋的趣味数学题,你们通过解题来掌握推理的思路。我也顺便了解下你们参加一段时间的兴趣班后,有没有进步。"对于周老师的提议,同学们拍手叫好。

　　周老师手里拿着一本书,对同学们说:"这本书是双面印的,其中的第 6、7、84、111、112 页被撕掉了,问一共撕下了几张纸?"

　　小琴站起来,一下报出答案,共撕下了 4 张纸。她是这样解释的:"因为第 84 页肯定是 1 张纸,如果第 6、7 页是 1 张纸的话,那么第111、112页一定分成2张纸;如果第6、7页是分成2张纸的话,那么第111、112页一定是1张纸。因此,本题结果一定是4张纸。"

周老师首先表扬了小琴,然后分析说:"小琴在解题过程中实际上已经用到了推理,因为一本书,要么正面都是奇数页,要么正面都是偶数页,由此可推理出第6、7页和第111、112页是两种不同的情况,因此小琴的结果是完全正确的。"

一阵掌声后,周老师出了第二道卖苹果的题:有位农妇提一篮苹果到市场去卖,第一个客人买走全部苹果的一半加上1/2个,第二个客人买走剩余苹果的一半加上1/2个,第三个客人再买走剩下苹果的一半加上1/2个⋯⋯第六个客人也买了剩下苹果的一半加上1/2个,这时农妇的苹果刚好卖完,而这六个客人所买的苹果都不曾切为两半,请问农妇带了多少个苹果到市场去?

这次小强反应快,过了几分钟后就报出了答案,是63个苹果。周老师要他说出解题思路。小强说:"根据告诉我的信息,我是从后往前推。我想到第六个客人买到1个完整的苹果,问题就很容易解决了,如此便可推断出第五个客人买了2个苹果,第四个客人买了4个,第三个客人买了8个,第二个客人买了16个,第一个客人买了32个苹果,因此苹果共有1+2+4+8+16+32=63,即农妇带了63个苹果到市场去卖。"

周老师点点头,说了句"很好",又说出下面的故事。

从前,有个农夫在地主家打工,抱怨农活辛苦,地主给的工钱少,被地主听到了。地主说:"你刚才的怨言我听到了,如果你需要钱,我可以帮你,因为这实在太简单了! 但你要按我说的去做,不知道你愿不愿意?"

"只要能赚钱,我当然愿意! 但不知我要怎么做?"农夫回答。

"我不知道你口袋里有多少钱,但你只要沿我家的房子跑一圈,我就送给你口袋里同样的钱,再跑一圈,又送你口袋里同样的钱,这样可以一直跑下去,每跑一圈,你的钱就增加一倍,这样,你的钱就会越来越多。"地主一本正经地说。

"有这样的好事?"农夫不敢相信。

"当然是真的!"地主很肯定地回答,"我说话算数! 不过,作为回报,你的钱每增加一倍时,要给我 24 元,你说怎么样?"

"没问题!"农夫很爽快地答应了。"我每跑一圈钱就多一倍,所以每次给你 24 元也不算什么,现在可以开始了吗?"

地主点点头,农夫开始跑起来。果真,农夫跑一圈回来,地主给他口袋里同样的钱,农夫遵守诺言付给地主 24 元;再跑第二圈,重复第一圈同样的操作;第三圈跑完,重复前面的操作后,农夫发现自己身上刚好一毛钱也没了,再跑也没有用了。

请问农夫身上原来有多少钱?

周老师讲完了,小明才反应过来,一开始还不相信这个结果,仔细一推导,才恍然大悟,原来如此。周老师看到了小明的表情,要他上台来解答此题。

小明说:"我是按照这样从后往前来推理,农夫最后付给地主 24 元后,刚好 1 毛钱也没有了,说明这时农夫身上有 24 元钱,而这 24 元有一半(12 元)是地主给的,说明跑第三圈前农夫身上有 12 元钱;再往前推,12 元加上付地主的 24 元是 36 元,这 36 元有一半(18 元)是地主给的,说明跑第二圈前农夫身上有 18 元钱;再往前推,18 元加上付地主的 24 元是 42 元,这 42 元有一半(21 元)是地主给的,说明跑第一圈前农夫身上有 21 元钱。也就是说,农夫身上原来有 21 元钱,通过这样跑三圈,变得一分也没了。"

小丽按照农夫身上原来有 21 元钱,从前往后验算一遍,发现确实是这样,这才相信,不由得骂起地主是个阴险小人。

周老师分析道:"这个农夫是吃了没有文化的亏。也说明,对于他人的建议,不可盲目地接受,而应有自己的分析判断才行。"

第四题是分配骆驼:有位老人在临终时把骆驼分给他三个儿子,老大得到全部的 1/2,老二获得 1/3,老三获得 1/9。老人去世后,留下 17 头骆驼,当三个儿子想分配骆驼时才发现:17 不能被 2,3,9 整除。于是兄弟三人去请教村里的长老,结果长老骑自己的骆驼过来,然后按照老人的遗嘱分配,请问他是怎么做到的?

这题是小丽先回答,小丽发觉这位长老很聪明,首先他把自己的骆驼暂时加进骆驼群里,使骆驼变成 18 头,这样就能按老人的遗言分配：

老大分到 18×1/2＝9(头)，

老二分到 18×1/3＝6(头)，

老三分到 18×1/9＝2(头)。

然后长老又骑着自己的那头骆驼回家。

这问题就这样解决了。小丽说到这里，有些同学"啊"的一声叫了出来，然后是热烈的掌声。小丽补充道："这问题的关键是按老人的遗言，三个儿子所分配的骆驼比例加起来比 1 小，事实上只有：1/2＋1/3＋1/9＝17/18。"

"所以先借来长老的骆驼分配，再还回去，很巧妙吧。"小丽解题完毕，自己也笑了。

周老师对同学们的推理能力和解题水平很满意，夸赞了几句后，上起了新课。

31　分类

　　数学兴趣小组上节课,周老师重点讲了推理,虽然解决了几个例题,但同学们觉得还不过瘾,嚷嚷着还要做数学趣味题,周老师同意了,这节课就继续出题。

　　第一题涉及狼、山羊和青菜:有个农夫想把他的狼、山羊和青菜送到河川的对岸,但是船太小了,只能载运狼、山羊和青菜其中之一,可是,如果把狼和山羊留在岸上,狼会吃掉羊,把羊和青菜留在岸上的话,山羊又会吃掉青菜,请问农夫到底该怎么办,才能将狼、山羊与青菜平安无事地送到对岸?

　　周老师题目一出完,小强就举手,表示他有办法。周老师让他站起来说。小强腾地站起,毫不犹豫地说:"很显然,第一步必须先带羊过河;第二步,农夫折回来带狼过河;第三步,狼过河后,农夫顺便再把羊载回来;第四步,让羊留在岸上,农夫载着青菜到对岸去;第五步,农夫独自返回把羊送到对岸。通过这样五步解决问题。"自从参加数学兴趣班后,小强进步很快,不光同学赞赏,连周老师都要刮目相看了。

周老师出的第二题是将酒分成两份的问题:8斗的木桶装了8斗的葡萄酒,想平分给两个人,但只有一个5斗和3斗的空桶,把这3个桶当成容器,同时兼作量斗,请问要如何把酒平分为两份呢?

题念完后,周老师解释说:"桶中满满的葡萄酒,通过倒进空桶内,然后倒出来,以这样倒进倒出的方式,要把酒分为两个4斗。这种类型的题目经常会见到,你们谁能做到?"

"我来吧!"不等周老师招呼,小丽就走上讲台,在黑板上画出了两张表,并快速填写起来,只一会儿时间,表中的空格就填满了。内容如下:

解答1

	8斗桶	5斗桶	3斗桶
在倒之前	8	0	0
倒第一次以后	3	5	0
倒第二次以后	3	2	3
倒第三次以后	6	2	0
倒第四次以后	6	0	2
倒第五次以后	1	5	2
倒第六次以后	1	4	3
倒第七次以后	4	4	0

解答 2

	8斗桶	5斗桶	3斗桶
在倒之前	8	0	0
倒第一次以后	5	0	3
倒第二次以后	5	3	0
倒第三次以后	2	3	3
倒第四次以后	2	5	1
倒第五次以后	7	0	1
倒第六次以后	7	1	0
倒第七次以后	4	1	3
倒第八次以后	4	4	0

小丽指着两张表解释道:"答案如这两个图表,其中的数字表示每倒 1 回,各木桶中葡萄酒的变化情形。这是两种不同的倒法,都能达到把酒分为两个 4 斗的目的。你们看明白了吗?"

"看明白了,你已经写得这么清楚了,我们如果还没看明白,那不成傻子了。"小孙由衷佩服小丽,不光把题解了,还一下子提出两种方法。

在一片欢笑声中,周老师又出了第三题,是比较最高的与最矮的问题:胜利小学的一个班上有 64 位同学,身高都有一些微小差异。让他们排成 8 行 8 列的方阵。如果从每一行 8 位同学中挑出一位最高的,那么在挑出的 8 位同学中一定有一位最矮的同学甲。让这些同学回到各自原来的位置站好后,再从每一列 8 位同学中挑出一位最矮的,那么在挑出的 8 位同学中一定有一位最高的同学乙。且假定甲与乙是不同的两个人,你知道他们两人谁高吗?

这道题有难度,同学们一下没想明白。周老师提示说:"数学上有些题,看起来很难,是因为千头万绪混杂在一起的原因,如果能将复杂的问题分分类,那么问题就会变得简单其实质就是根据题设的条件,把该问题所要讨论的各种可能出现的情况适当地划分为若干部分,然后对各个部分分别进行讨论,最后把问题解决。这种分类的方法就是化繁为简的方法,你们一定要掌握。"

经周老师一提醒,小明马上想到了。他先是自言自语道,这是一个很有趣的问题,但要做出满意的回答,却需开动脑筋。然后分析起来。首先遇到的问题是甲、乙两位同学的位置无法确定,更何况 64 人排成 8 行 8 列的方阵,其排法又何止千万种!但是,问题真的那么复杂、那么难以解决吗?我用周老师讲的分类法试试。甲、乙两位同学在方阵中的位置,不外乎以下几种情况:(1)甲与乙在同一行。这时,甲是从这一行中挑出的最高的,所以甲比乙高;(2)甲与乙在同一列。这时,因为乙是从这一列中挑出的最矮的,所以还是甲比乙高;(3)甲与乙既不同行,也不同列。我们总可以找到一个甲所在的行与乙所在的列相交的位置,假定排在这个位置上的是同学丙,则按题目的规定,甲比丙高,而乙比丙矮,所以仍然是甲比乙高。综上所述,不论哪种情形,甲总比乙高。

　　这样一分解,问题竟如此轻松地解决了! 同学们都欢叫起来,纷纷表示,像这样解决问题的方法给自己留下了深刻的印象。周老师也很欣慰,因势利导,继续讲解分类法在解题中的妙用。

32　奇偶数

新城小学下午放学后,数学兴趣小组成员照例留下来活动。时间到了,周老师急匆匆过来告诉大家,自己要赶到教育局开会,今天的活动让小明主持,可以对前段时间学过的有关数的知识进行复习,巩固提高学习成果。

周老师走后,小明把兴趣小组成员分成两组,一组女的,以小丽、小琴、小芳为代表,另一组男的,以小明、小强、小伟为代表。说是要男女竞赛,分个高低,问女同学是否愿意。

"没有问题,谁怕谁啊!"小丽代表女同学满口答应,接着问,"你准备怎么比赛?"

"我们来场奇偶数比拼,你们女的是奇数(单数),我们男的是偶数(双数)。"小明话没说完,就被小琴打断了,小琴问:"为什么要女单男双?"

小明解释道:"这个又不是我的创意,而是古希腊数学家毕达哥拉斯提出来的,他把奇数叫女人数,把偶数叫男人数,我不过是借用一下。”

“为什么要听古人的，奇数和偶数都是自然数中的一类，叫什么女人数、男人数，难道叫奇数梳上小辫子，叫偶数留上小胡子？”小芳噘起小嘴反问，逗得大家都笑了。

还是小丽大度，她认为奇数很好，像“一马当先”“一帆风顺”“一日三秋”“三令五申”“五谷丰登”“九霄云外”等，都在夸奇数。

“那夸偶数的也很多，如‘二龙戏珠’‘四通八达’‘四平八稳’‘十全十美’‘百发百中’等，可以说出一大堆。尤其是‘无独有偶’最说明问题。”小强为偶数感到自豪。

“你们偶数‘四面楚歌’‘千疮百孔’‘十恶不赦’‘百无聊赖’，能好到哪里去？”小琴反击。

“那你们奇数‘一知半解’‘三教九流’‘五毒俱全’‘七窍生烟’，还好意思说？”小伟也不示弱。

“好了好了，奇数和偶数本来就是你中有我、我中有你的，比如‘一目十行’‘三头六臂’‘七上八下’‘五颜六色’等，奇数和偶数往往都是同时出现的。”小明出来打圆场。

“奇怪了，我今天参加的是语文兴趣小组还是数学兴趣小组？”小孙很纳闷。

“对啊！我们都搞糊涂了。”小强和小琴同时拍拍脑袋，异口同声地回答。

“我们还是回到数上来，你们男的说说偶数有什么优势？”小丽先提出问题。

"那还用问,我们偶数都比你们奇数多一点,压你们一头。"小强自鸣得意。

"你的话我就不爱听了,我问你,你们偶数加上 1 是不是变为我们奇数,那是不是说明我们奇数大你们一点呢?"小丽的反问,让小强张口结舌,说不出话来。

小明问:"那你们女的说说奇数里有什么最值得炫耀的数?"

"那当然是质数(素数)了,质数多是奇数,质数在数论中处于重要地位,质数研究是数论中最古老也是最基本的部分,其中集中了看上去极为简单却几十年甚至几百年都难以解决的大量问题,比如哥德巴赫猜想。"小丽沾沾自喜。

小琴补充道:"哥德巴赫猜想告诉我们,任何一个大于 2 的偶数,都可以表示成两个质数之和。也就是说,我们一定能找出两个质数(肯定是奇数),用它们的和来表示你们任何一个大于 2 的偶数,这就意味着,只要把质数研究透了,自然数的问题就解决了。"

"不还是个猜想嘛,又没有完全证明出。"小孙嘀咕一句。

"这个虽然是猜想,但是肯定错不了,况且我国的陈景润已经证明到'1+2',离最后的结果只一步之遥了。"小丽说到这里,意识到不能这样被动,就主动发问,"你们男的也说说偶数里有什么最特别的数?"

"偶数里最特别的数非完全数莫属。"小强抢先回答。

"慢着,什么叫完全数?"小芳问。

"以前周老师教过的,说明你没有认真听。"小强解释道,"完全数又称完美数或完备数,它所有的真因数(即除了自身以外的约数)的和恰好等于它本身。也就是说,如果一个数恰好等于它的真因数之和,则称该数为'完全数'。"小强告诉小芳:第一个完全数是6,6的真因数是1、2、3,1+2+3=6。第二个完全数是28,28的真因数是1、2、4、7、14,1+2+4+7+14=28。第三个完全数是496。毕达哥拉斯首先发现6和28是完全数。他曾说:"6象征着完满的婚姻以及健康和美丽,因为它的部分是完整的,并且其和等于自身。"

"完全数没有说一定是偶数。"小琴指出小强的漏洞。

"反正到目前为止发现的完全数都是偶数,我猜想是没有奇数完全数。"说到这里,小强补充道,"因为完全数很稀少,物以稀为贵,所以完全数特别珍贵。"小强满脸自豪,似乎完全数是自己家里藏着的宝贝。

"那有什么稀奇,我们奇数中还有孪生质数,就是指一对质数它们之间相差2,好像是孪生姐妹。例如3和5,17和19,71和73。"小芳打出一张王牌。

"孪生质数能比得过我们偶数中的亲和数吗?"小伟以"炸弹"应对。

"亲和数?你说说清楚。"小芳不服。

"亲和数,义称相亲数、友爱数、友好数,指两个正整数中,彼此的全部真因数之和与另一方相等。"小伟解释后,举例说,"比如 220 与 284 这对数, 220 的所有真因数之和为: $1+2+4+5+$ $10+11+20+22+44+55+110=284$。而 284 的所有真因数之和为: $1+2+4+71+142=220$。就是说, 220 的所有真因数之和为 284, 而 284 的所有真因数之和为 220, 因此 220 和 284 相互称为亲和数。"

"亲和数是真正你中有我、我中有你, 相亲相爱, 永不争斗的数。220 与 284 是最小的一对亲和数, 是毕达哥拉斯发现的。毕达哥拉斯说: '什么叫朋友? 就像这两个数, 一个是你, 另一个是我。'"小明补充道。

"事情不是这样的, 亲和数非偶数独占, 奇数中也有亲和数, 只是已发现的 1000 多对亲和数中, 绝大部分是偶数对而已。"小丽再次纠正男同学的说法。

"是的, 现在发现的所有成对亲和数要么都是偶数, 要么都是奇数, 当然, 奇数对很少。是否存在一对亲和数, 其中有一个奇数, 另一个是偶数, 这个问题 200 多年来也尚未解决。"小明解释到这里, 话锋一转, "我们来看看这些数的有趣公式吧。"

"你这是什么意思? 请举例说明!"小丽表示响应。

"比如完全数 6, 28, 496, 8128…存在下列等式。"小明说着, 写出一连串等式, 每个完全数都可以用从 1 开始的连续正整数的和来表示。

$6=1+2+3$

$28=1+2+3+4+5+6+7$

$496 = 1 + 2 + 3 + \cdots + 30 + 31$

$8128 = 1 + 2 + 3 \cdots + 126 + 127$

……

"那好办,偶数能,我们奇数也毫不逊色。"小丽说着,也写出一连串等式,除 6 以外的完全数都可以用从 1 开始的连续奇数的立方和来表示。

$28 = 1^3 + 3^3$

$496 = 1^3 + 3^3 + 5^3 + 7^3$

$8128 = 1^3 + 3^3 + 5^3 + \cdots + 15^3$

$33550336 = 1^3 + 3^3 + 5^3 + \cdots + 125^3 + 127^3$

……

小强不肯罢休,说要利用完全数的因数变出个偶数 2 来,他写出了下面的等式,表明完全数的约数的倒数和,全部等于 2。

$1/1 + 1/2 + 1/3 + 1/6 = 2$

$1/1 + 1/2 + 1/4 + 1/7 + 1/14 + 1/28 = 2$

$1/1 + 1/2 + 1/4 + 1/8 + 1/16 + 1/31 + 1/62 + 1/124 + 1/248 + 1/496 = 2$

……

小丽毫不退让,说:"我要利用完全数的各位数字变出个奇数 1 来,你们看,除 6 以外的完全数,把它的各位数字相加,直到变成个位数,那么这个个位数一定是 1。"小丽举了 4 个完全数的例子。

28：2＋8＝10,1＋0＝1

496：4＋9＋6＝19,1＋9＝10,1＋0＝1

8128：8＋1＋2＋8＝19,1＋9＝10,1＋0＝1

33550336：3＋3＋5＋5＋0＋3＋3＋6＝28,2＋8＝10,1＋0＝1

看着这些算式,无论是男同学还是女同学,都惊呆了,看似不相干的完全数,将偶数、奇数、分数、立方数紧密地连接起来了,说明在自然数中,藏着无穷多的秘密,等待着人们去挖掘。

在一番互不相让的竞赛后,小明作为主持做了总结:"毕达哥拉斯说过,奇数和偶数是相生而成的数,奇数加1变成了偶数,偶数加1变成了奇数,所以说奇数和偶数是关系十分亲密的兄弟姐妹,兄弟姐妹情深似海,不能在名字上做文章,伤害了大家的感情。"

小明的话博得了全体同学的掌声,兴趣小组的活动在愉悦的气氛中宣告结束。

33　数趣

新城小学数学兴趣小组卓有成效,不光墙里开花,名声还传到了墙外。离新城小学最近的胜利小学,有一些数学特长生,都很想加入新城小学的数学兴趣组,经双方学校领导联系,胜利小学派四名同学(第一批)过来学习。

四人第一次来参加活动那天,周老师刚好不在,电话里告诉小明、小强等同学,要做好接待,让大家互帮互学,尽快融合到一起。小明、小强一看四人交过来的名单,就觉得很有特色:两名男同学一个叫小龙,一个叫小虎;两位女同学一个叫小猪,一个叫小兔。小明倒不管他们叫什么,而是觉得他们初来乍到,要测试一下他们的水平。

小明先是说了几句表示欢迎的客套话,然后话锋一转说要问几个问题。小龙、小虎、小猪、小兔也不在乎这些,表态说,你尽管问吧。

小明第一个问题是:有一个正整数,给它加上 100000,求得的和比它乘以 100000 所得的积还大,这个数是多少?

对小明的这个问题,小龙、小虎笑而不答,小兔心直,脸露不屑一顾的神色,说:"这也太简单了,这个数是 1 啊,除了 1,没有其他数符合条件。"

小明点点头,也不多做解释,说出第二个问题:有类有趣的结果,比如 $13 \times 13 = 169$,把这个数字倒过来算,就会得到 $31 \times 31 = 961$,请你们快速说出类似这种结果的数。

小明话刚说完,小虎拍手叫好,说:"这个问题有点意思,不过并不难,我取比 13 小一点的数,12 就符合题意。因为 $12 \times 12 = 144$,$21 \times 21 = 441$。"说到这里,小虎又补上一句:"并且 $14 \times 14 = 196$,是 169 后两位数对调的结果。"

现场一阵掌声,小明不敢小看他们了,想了一下,提出了一个奇怪的问题:人们为什么要花费数千年的时间去探寻 33550336 这个数?

"这是一个完全数,并且是第五个完全数,前四个完全数是 6,28,496,8128,探寻完全数是数学爱好者梦寐以求的事,我们作为数学爱好者当然知道。"小龙一副轻描淡写的样子。

这下子新城小学的同学都惊呆了,小明也大吃一惊,他继续出题:有一个数,它是个立方数,将这个数加 1,变成一个平方数,这个数是多少?

"这个数是 8,连我小猪都知道。因为 $8 = 2 \times 2 \times 2$,是个立方数,$8 + 1 = 9$,$9 = 3 \times 3$,是个平方数,所以 8 符合题意。并且 8 是

唯一一个比另一个平方数小 1 的立方数,如果换其他任何一个立方数,如 125 或 343,加 1 后不可能是一个平方数。"小猪回答得很轻松。

这下小明信服了,抱拳对新来的四名同学致歉。四名同学对此并没放在心上,连连表示理解。

小强竖起大拇指为新来的同学点赞,说:"你们几位都很厉害,一定对数字做过很多研究,有什么独门绝活,能否亮出来,让我们见识见识。"

小龙他们几位也不推辞,小龙打头阵,说:"我对质数 37 很感兴趣,有些心得,和你们探讨。"

"为什么选择 37,是不是因为人的体温在 37 摄氏度左右?"小强插问。

小龙对此不置可否,而是继续说:"我们来做一个简单的游戏,从 1—9 中任选一个数字,乘 3,再乘 37,结果是多少?"小龙听到了同学们报出 111、222、333、444 等数字,点着头,继续说:"再做一个更简单的游戏,从 1—9 中任选一个数字,然后乘 3 乘 7 乘 11 乘 13 乘 37,结果是多少?"小龙又听到了同学们报出 111111,222222,333333,444444 等数字。小龙接着说:"在 3—27 中任选一个数字,乘 37,会得到一个三位数,这个数字肯定能被 37 整除,有趣的是如果把该数字的第一位移到末尾,或者把末尾数字移到前面,得到的结果仍然可以被 37 整除。"小龙以 17 为例,$37 \times 17 = 629$,而 296 和 962 都可以被 37 整除。

看到大家面露惊讶,小龙又抛出一个有趣的结果:任选一个数字,把该数字的每一位都平方,然后加起来,不断重复这样做,得到的数字要么是以 1 结束,要么最后以这一顺序循环:37—58—89—145—42—20—4—16—37。

同学们选了几个数字,算了一遍,果然如此,又是一阵惊叹。最后,小龙在黑板上写出两个等式:

$1 \div 37 = 0.027027027\cdots$

$1 \div 27 = 0.037037037\cdots$

说明这个 37 真是太有意思了。

接着轮到小虎,他说:"小龙喜欢 37,我对 49 有感情,我简单点说。你们看,$49 = 7 \times 7$,在 49 中间插入 48,也就是 4489,$4489 = 67 \times 67$,在中间再插入 48,就有 $444889 = 667 \times 667$,$44448889 = 6667 \times 6667$,$4444488889 = 66667 \times 66667$,等等。你们都可以试一试。"

大家都觉得很奇怪,但验算结果出来,事实就是这样,不由得不信。小强啧啧称奇后,看向小猪和小兔。

小猪笑了笑说:"我不说单个数,我说 4 个数。任选 4 个连续数字,把它们相乘,例如 $23 \times 24 \times 25 \times 26 = 358800$,把结果加 1 变成 $358800 + 1 = 358801$,这个结果一定是个平方数。并且如果要求平方根,只要把其中最大的数和最小的数相乘,然后加 1,$23 \times 26 = 598$,然后 $598 + 1 = 599$,599 就是这个平方根,因为 $599 \times 599 = 358801$。"

小强取 35、36、37、38 这 4 个数验算，$35 \times 36 \times 37 \times 38 =$ 1771560，1771560＋1＝1771561，$35 \times 38 = 1330$，1330＋1＝1331，$1331 \times 1331 = 1771561$。完全正确！小强再次竖起大拇指。

小猪继续说："我还知道，至多 4 个平方数相加，可求得自然数中的任何一个数。"小强以 14、39、4097、4095 为例，小猪列出算式：$14 = 3 \times 3 + 2 \times 2 + 1 \times 1$，$39 = 6 \times 6 + 1 \times 1 + 1 \times 1 + 1 \times 1$，$4097 = 64 \times 64 + 1 \times 1$，$4095 = 63 \times 63 + 10 \times 10 + 5 \times 5 + 1 \times 1$。

最后，小猪指出："如果你用 4 乘 21978，答案是它的反向数，即 87912。当然，你们有空可以去找找类似的其他数。"

在一阵惊叹声中，小兔登场，她摇着头申明："我不用文字说话，我用数字说话。"接着，她在黑板上写出一连串等式：

$1 \times 9 + 1 + 9 = 19$，

$2 \times 9 + 2 + 9 = 29$，

$3 \times 9 + 3 + 9 = 39$，

$4 \times 9 + 4 + 9 = 49$，

……

$1 \times 1 = 1$，

$11 \times 11 = 121$，

$111 \times 111 = 12321$，

$1111 \times 1111 = 1234321$，

$11111 \times 11111 = 123454321$，

……

$33 \times 33 = 1089$，

$333 \times 333 = 110889$，

$3333 \times 3333 = 11108889$，

$33333 \times 33333 = 1111088889$，

……

$12345679 \times 1 \times 9 = 111111111$，

$12345679 \times 2 \times 9 = 222222222$，

$12345679 \times 3 \times 9 = 333333333$，

$12345679 \times 4 \times 9 = 444444444$，

……

写到这里,小兔停下来,问:"像这样的算式还有很多,还要我再写下去吗?"小强连忙说:"够了! 够了! 不用再写了。"

胜利小学来的四名同学都表演了一遍,这样的水平不由得新城小学的同学不服,连自我感觉很好的小明都刮目相看,感叹天外有天、山外有山。小明一挥手,大家共同鼓掌欢迎。从此,小龙等四人就融进了兴趣小组的集体中。

34 整除

有一次,数学兴趣小组 11 名成员去果园搞活动,果园经理送给他们一袋苹果,总共 100 只。

"我们把苹果平均分掉吧!"小丽建议。

"好啊,可是 100 只苹果平均分给 11 个人,不好分啊。"小强提出疑问。

"你怎么知道不好平均分?"小琴反问。

"因为 100 除以 11 除不尽。"小强回答得很干脆。

小明接上来说:"刚才你们谈到了数学上的整除问题,数学问题都是从实际生活中来的,我们今天来讨论这个问题如何?"小明的提议得到同学们的一致同意。

小明自告奋勇介绍起来。关于数的整除,大致意思是这样的,整数 a 除以非零整数 b,除得的商是整数而且没有余数,我们就说 a 能被 b 整除,或者说 b 能整除 a。

如果整数 a 能被非零整数 b 整除,那么 a 就叫 b 的倍数,b 就

叫 a 的约数(或 a 的因数)。倍数和约数是相互依存的。整除属于除尽的一种特殊情况。

"你还是举例说明吧!"小孙提要求。

小明以 $15 \div 3 = 5$ 为例,因为 5 是个整数,所以可以说 15 能被 3 整除,15 是 3 的倍数,3 是 15 的约数(因数),这题中,5 也是 15 的约数(因数),也能整除 15。再以 $37 \div 7 = 5 \cdots\cdots 2$ 为例,说明 37 不能被 7 整除,余数为 2。

"我懂了,100 只苹果分给 11 个人,每人分得 9 只后,还剩下 1 只,这个 1 在数学上叫余数,有余数说明 100 不能被 11 整除。"小琴明白过来了。

"这也太简单了,小明,你再多介绍些吧。"小丽提出更高的要求。

"关于整除,最重要的有两条特征:一是如果 a 能被 c 整除,b 又能被 c 整除,那么 $a \pm b$ 能被 c 整除;另外一条是如果 a 能被 b 整除,则对任意 $c(c \neq 0)$,ac 能被 b 整除。"说到这里,小明举例,15 能被 3 整除,21 也能被 3 整除,那么 $15 + 21 = 36$ 一定能被 3 整除。任何不等于零的整数乘 15(或乘 21)一定能被 3 整除。

"那要怎样来判断一个数能否整除另一个数,或者说能被整除的数有什么特点呢?"小孙又提出新问题。

"据我所知,这个普遍适用的规律并没有,但对一些特殊的数,有简便方法可用。"小明实话实说。

"哪些数有简便方法?"同学们都来了兴趣。

"比如判断能被 2,3,5,9,11 等整除的数,是有简便方法的。"小明回答。

"快说来听听,我们学一招,以后可用。"同学们迫不及待。

"别急,为了叙述的方便,我先讲一个数字根的概念。将一个整数的各位数字相加,如果这个数大于一位数,则继续将各位数字相加,直至和是一位数,这个一位数,叫作原数的数字根。比如 58529788 这个数,5+8+5+2+9+7+8+8=52,5+2=7,7 是 58529788 这个数的数字根。"小明学周老师的样,介绍起来有板有眼。

"数字根和整除有什么关系?"小琴莫名其妙。

"当然有关系,若一个整数的数字根能被 3 整除,则这个整数能被 3 整除。若一个整数的数字根能被 9 整除,则这个整数能被 9 整除。这就是能被 3 和能被 9 整除的数的特征。"小明说出了数字根的妙用。

小琴以 9987237 为例,9+9+8+7+2+3+7=45,4+5=9,说明 9987237 既能被 3 整除,又能被 9 整除。而 9987237÷9=1109693,验算正确。大家鼓掌欢呼。

小明继续介绍其他常用数的整除特征。

第一,能被 2 整除的数的特征。

任何偶数都能被 2 整除,即若一个整数的末位是 0、2、4、6、8,则这个数能被 2 整除。

第二,能被 4 整除的数的特征。

若一个整数的末尾两位数能被 4 整除,则这个数能被 4 整除。如 3536,因 36 能被 4 整除,则 3536 能被 4 整除。

第三,能被 5 整除的数的特征。

若一个整数的末位是 0 或 5,则这个数能被 5 整除。

第四,能被 6 整除的数的特征。

若一个整数能同时被 2 和 3 整除,则这个数能被 6 整除。如 1242,既能被 3 整除,也能被 2 整除,那么 1242 能被 6 整除。

第五,能被 7 整除的数的特征。

截取末尾两位数,前面的数的两倍加上这个两位数,若所得数能被 7 整除,则这个数能被 7 整除。什么意思呢?例如 11207 这个数,截取末尾两位数,是 07,前面的数是 112,$112 \times 2 + 7 = 231$,231 能被 7 整除,所以 11207 能被 7 整除。如果你看不出,再计算一次,$2 \times 2 + 31 = 35$,显然 35 能被 7 整除,所以 11207 也能被 7 整除。再举个例子,1253707,$12537 \times 2 + 7 = 25081$,看不出,接着算,$250 \times 2 + 81 = 581$,还看不出,接着算,$5 \times 2 + 81 = 91$,91 能被 7 整除,所以 1253707 也能被 7 整除。

第六,能被 8 整除的数的特征。

若一个整数的末尾三位数能被 8 整除,则这个数能被 8 整除。如 9328896,因 896 能被 8 整除,故这个数 9328896 能被 8 整除。再如 859688,因 688 能被 8 整除,故 859688 能被 8 整除。

第七,能被 10 整除的数的特征。

若一个整数的末位是 0,则这个数能被 10 整除。

第八,能被 11 整除的数的特征。

若一个整数的奇位数字之和与偶位数字之和的差能被 11 整除,则这个数能被 11 整除。如 9328836,奇位数字之和是 9+2+8+6=25,偶位数字之和是 3+8+3=14,25-14=11,所以 9328836 能被 11 整除。

第九,能被 12 整除的数的特征。

若一个整数能同时被 3 和 4 整除,则这个数能被 12 整除。

第十,能被 13 整除的数的特征。

末三位与前面的数作差,若所得的数能被 13 整除,则这个数能被 13 整除。如 1118,末三位是 118,前面的数是 1,118-1=117,117 能被 13 整除,所以 1118 能被 13 整除。再如 217191,末三位是 191,前面的数是 217,217-191=26,26 能被 13 整除,所以 217191 能被 13 整除。

另外一种方法,用该数个位乘 9,然后与剩余的几位数相减,如果差能被 13 整除,那么这个数也能被 13 整除。例如 754,用个位的 4 乘 9,4×9=36。然后计算 75 减 36,75-36=39,39 能被 13 整除,所以 754 也能被 13 整除。

第十一,能被 19 整除的数的特征。

用末尾两位数乘 4,然后把积和其他位相加,如果和能被 19 整除,那么这个数也能被 19 整除。例如 6935,35×4=140,69+140=209,继续前面的步骤,9×4=36,而 36+2=38,38 可以被 19 整除,所以 6935 也可被 19 整除。

　　小明一鼓作气,说到这里,嘴巴都说干了。小琴先递给他一只苹果,要他润润喉,然后活学活用整除理论,说:"小明辛苦了!我们把 100 只苹果中的 1 只奖励给小明,剩下的 99 只就可以平分了。"

　　同学们鼓掌通过,大家在欢声笑语中继续学习整除知识。

35 谣言

现在,微信群很多,为了联系方便,数学兴趣小组也建了个微信群。有一次兴趣小组活动前,小强看到小孙发在群里的一条消息,内容是某地发生疫情,传染性特别强,已造成上千人死亡,极其恐怖。小强气不打一处来,问小孙这消息是从哪里来的。小孙说他也是从亲友群里转发来的。

"我们这里是数学兴趣群,以后不要在这里发这种乱七八糟的东西了,你用脑子想一想,这明显是谣言,以讹传讹弄得满城风雨会害人的。"小明严厉批评小孙。

小孙觉得受了委屈,也有同学认为小明说得太严重了,转发个消息不至于这样,同学们就争论起来。

周老师进来了,了解到事情的起因,觉得有必要就这个话题说说清楚。周老师说:"谣言的传播速度非常快,一般人想象不到,用不了几个小时,一则谣言可以传遍城市的每个角落。"

"这方面能用数学方法进行分析吗?"小强问。

"当然能!"周老师做出肯定回答,"我们今天就先来分析谣言传播这个问题。"

我们假设从上午 8 点钟开始,某人发出一条耸人听闻的谣言,这条消息博人眼球,容易引起大家兴趣,经过 15 分钟的时间,被 3 位居民知道。这 3 位居民知道后,又分别传播出去,15 分钟后,一传三,三传九,又增加了 9 人知道。这 9 人继续传播,15 分钟后,又有新的 27 人知道了。以这样的传谣速度继续下去,知道这谣言的人遵循以下规律:

8 点,1 人,始作俑者

8 点 15 分,$1+1 \times 3 = 4$(人)

8 点 30 分,$4+3 \times 3 = 13$(人)

8 点 45 分,$13+9 \times 3 = 40$(人)

9 点,$40+27 \times 3 = 121$(人)

9 点 15 分,$121+81 \times 3 = 364$(人)

9 点 30 分,$364+243 \times 3 = 1093$(人)

9 点 45 分,$1093+729 \times 3 = 3280$(人)

10 点,$3280+2187 \times 3 = 9841$(人)

可以看出:经过 2 个小时,这则谣言就会有近 1 万人知道;到 10 点 15 分,会有 29524 人知道;到 11 点时,会有 797161 人知道。只需 3 个小时,这消息就能让近 80 万人知道,是不是可以说满城风雨?

经周老师这样一分析,大家发出"哟"的一声,都明白过来。

小明听得很认真,他将周老师说的不同时间点的新增人数和总人数列出来:

时间点	新增人数	总人数
8 点	1	1
8 点 15 分	3	4
8 点 30 分	9	13
8 点 45 分	27	40
9 点	81	121
9 点 15 分	243	364
9 点 30 分	729	1093
9 点 45 分	2187	3280
10 点	6561	9841

就是说新增人数是 3 的倍数的数列,其通项公式是 $A_n = 3^{(n-1)}$,总人数为 $1+3+3^2+3^3+3^4+\cdots$。

这个 3 次方和以前学过的 2 次方和类似,也可以归纳出一个求和公式。小明进一步分析起来:

$3 = 1 \times 2 + 1$

$9 = (1+3) \times 2 + 1$

$27 = (1+3+9) \times 2 + 1$

$81 = (1+3+9+27) \times 2 + 1$

……

可以看出,此数列中的每个数字,都等于前面符合规律的数字和的 2 倍再加上 1,因此,在求这个数列的和时,只要计算最后一个数字加上其本身减去 1 之差的 1/2,就可以得出最终结果。

$1+3+9+27+81+243+729=729+(729-1)\div2=1093$

$1+3+9+27+81+\cdots+531441=531441+(531441-1)\div2=797161$

小强补充道:"以前我们学到过,每次按照 2 倍增加,到后来会变成很大的数,像这样以 3 倍的速度传播,其扩散的范围就更大了。"

"是的。"周老师表扬了小明和小强,接着说,"前面我们分析的是一传三,现在是网络时代,在网上一发布,何止一传三,一传五、一传十都有,可想而知,谣言的传播速度会更加迅速。假设一传五,可以算出,经过 2 个小时,这则谣言就会有 97656 人知道,近 10 万人都知道了,会造成多大的影响。假设一传十,又会怎么样呢? 你们不妨动手算一算。"

小孙列出下面的算式:

8 点,1 人,始作俑者

8 点 15 分,$1+1\times10=11$(人)

8 点 30 分,$11+10\times10=111$(人)

8 点 45 分,$111+100\times10=1111$(人)

9 点,$1111+1000\times10=11111$(人)

9 点 15 分,$11111+10000\times10=111111$(人)

用不着多算,很明显,后面的数字就是 1111111,11111111,…,到了第九个数字,就超过 1 个亿了。也就是说,一则谣言出笼,在一传十的前提下,用不了 2 个小时,就会有上亿人知道。

望着这一串串数字,小孙惊得目瞪口呆,久久说不出话来。

周老师告诫大家,数字不会骗人,我们用数字说话,谣言的传播速度很吓人,所以,我们学数学、懂科学的人,首先要做到不信谣,不传谣,谣言止于智者。

一席话,听得小孙面红耳赤,他不好意思地低头向大家道歉。周老师安慰了几句后,继续讲解起新课。

36　繁殖

夏天时,周老师带领数学兴趣小组成员走出校门,去野外体验生活。来到杭州湾海上花田,大家都被这里的大片向日葵震撼了。一眼望不到边的各式各样的向日葵,沐浴在夏日温暖的阳光下,自信而大方地展现在游人面前,呈现出一道靓丽的风景。

小明边看边想,他想到了葛教授提到过的斐波那契数列,最典型的就是向日葵身上花瓣的排列,就仔细观察向日葵的花盘,两组螺旋线,一组顺时针方向盘绕,另一组则逆时针方向盘绕,并且彼此相嵌。且花瓣总是 34 和 55,55 和 89 或者 89 和 144 这三组数字,每组数字都是斐波那契数列中相邻的两个数。

小丽很喜欢吃炒瓜子,她关心起向日葵成熟后,里面长满了一颗颗细小的种子,经询问当地花农,得知每个成熟的向日葵果实中的种子大约有 3000 粒。

"这 3000 粒种子都能繁殖、生长、开花、结果吗?"学生们提出了问题。

"只要条件合适,理论上是都可以的。"花农点点头。

"就是说,如果一株向日葵周围的土壤都适合生长,并且种子的发芽率是 100%,那么,现在的一株向日葵,到了明年夏天,就会有 3000 株向日葵生长在这里,看过去就是一大片。"小强做出推理。

花农还是点点头,但弄不明白学生问这些干什么。

小强做起算术题:第一年是一株向日葵;到了第二年能繁殖出 3000 株向日葵;到了第三年,这 3000 株向日葵变成了 3000×3000＝9000000 株向日葵;到了第四年,这 9000000 株向日葵变成了 9000000×3000＝27000000000 株向日葵;第五年更不得了,变成 81000000000000 株向日葵;按此计算,到第六年时,整个地球都种不下这么多的向日葵了。因为地球上的陆地面积大约是 135000000000000 平方米,如果按上面计算,第六年时,地球上每平方米将被 2000 株向日葵覆盖。

看到小强的计算结果,同学们都傻眼了。他们发现,只要一株向日葵,在条件合适时,仅需 6 年时间,就可覆盖整个地球陆地表面,没想到一株不起眼的向日葵竟然隐藏着这么惊人的天文数字。

同学们你看看我,我看看你,都不知所措。这时,小琴看到脚旁有株蒲公英,开着黄色花朵,一副活泼可爱的样子,就一把拔出来,拿在手上把玩。

"我知道,一株蒲公英一年大约结 100 粒种子,你这一拔,就将 100 粒蒲公英种子扼杀了。"小丽开起玩笑来。

"那我就从一株蒲公英开始,再来计算一遍。"小强还在想着向日葵覆盖整个地球陆地的事,总觉得自己不知什么地方算错了。为了不至于弄错,他将推论一行行列出来。

第 1 年,1 株(可结 100 粒种子)

第 2 年,100 株

第 3 年,10000 株

第 4 年,1000000 株

第 5 年,100000000 株

第 6 年,10000000000 株

第 7 年,1000000000000 株

第 8 年,100000000000000 株

第 9 年,10000000000000000 株

到了第 9 年,蒲公英也将覆盖整个地球上的陆地,这时,可计算出每平方米的陆地上都将生长着 70 多株蒲公英。

也就是说,蒲公英覆盖地球只不过比向日葵晚了 3 年而已。同学们又一次惊呆了。

这时,一只苍蝇飞过来,一头撞在小强脸上,小强正在为植物覆盖地球的事纳闷,受到苍蝇侵扰,气不打一处来,挥舞着双手驱赶,嘴上骂骂咧咧的,引得大家都笑起来。

花农已明白这批学生在计算繁殖的数字,就向他们介绍说,

像苍蝇这些动物比植物繁殖力更强。每只苍蝇在一个夏天就能够繁衍 7 代,每代是 120 个卵,假设 4 月 15 日为苍蝇首次产卵的时间,每只母蝇成长到能够自行产卵的时间不超过 20 天。根据这样的情况,你们算一算苍蝇的繁殖情况。

小强一步一步写出来:

4 月 15 日,1 只母蝇产下 120 个卵

5 月 1 日,产出苍蝇 120 只,其中母蝇 60 只

5 月 5 日,每只母蝇产卵 120 个

5 月中旬,产出苍蝇 60×120＝7200 只,其中母蝇 3600 只

5 月 25 日,3600 只母蝇,每只产卵 120 个

6 月 1 日,产出苍蝇 3600×120＝432000 只,其中母蝇 216000 只

6 月 14 日,216000 只母蝇,每只产卵 120 个

6 月底,产出苍蝇 25920000 只,其中母蝇 12960000 只

7 月 5 日,12960000 只母蝇,每只产卵 120 个

7 月 15 日,产出苍蝇 1555200000 只,其中母蝇 777600000 只

7 月 25 日,产出苍蝇 93312000000 只,其中母蝇 46656000000 只

8 月 13 日,产出苍蝇 5598720000000 只,其中母蝇 2799360000000 只

9 月 1 日,产出苍蝇 335923200000000 只,其中母蝇……

这个苍蝇数量是个什么概念呢?按花农说的每只苍蝇的长度是 7 毫米,将这些苍蝇排成一条直线连接起来,长达 2351462400

千米,大约是地球到太阳距离的 17 倍。

真是不算不知道,一算吓一跳,同学们都觉得这样的结果匪夷所思。问花农这是为什么,花农哈哈笑着说:"我可从来没担心过被苍蝇或植物覆盖,我只知道存在即合理,至于理论上怎么解释,我说不上来,还是去问你们周老师吧!"

同学们只好去把周老师找来,请他解释。周老师听明白了事情由来,告诉大家,这是因为大自然的生态平衡机制在起作用。大部分的植物种子由于各种原因并没有存活下来:或者是土壤不适合生长,或者生长过程中受到了其他的阻碍,或者被动物吃了。动物也是同样道理,适者生存,不适者淘汰。地球只有这么大,大自然不会允许某种物种独霸天下,这个用不着我们忧天忧地。

"那我们刚才的计算错在哪里呢?"还有同学没明白过来。

周老师告诉大家,问题出在假设上,你们假设向日葵周围的土壤都适合生长,并且每粒种子都能发芽,而这样的假设是不成立的,所谓失之毫厘,谬以千里,就是这个意思。

看到同学们似有所悟,周老师继续说:"通过这次的实践,说明我们来野外体验生活是完全正确的,我们学习数学,也要理论联系实际,不能成为脱离生活只会解题的书呆子。"

说到这里,周老师话锋一转,对小强的探求精神进行了表扬。"这里这么美丽的景色,我们还是赏花去吧!"周老师说完,领着同学们向花田中心区走去。

37　上课

　　朝阳小学请新城小学兴趣小组成员去传经送宝,周老师把这个任务交给了小明。

　　小明来到朝阳小学,走进四(1)班教室,看到小朋友们已经端端正正地坐在那里。见小明进来,小朋友们一起鼓掌欢迎。小明第一次出校门当"小老师",心里不免有些紧张。旁边四(1)班班主任王老师对小明说:"这里的学生对你们兴趣班学员很崇拜,你尽管放开,随意讲好了。"

　　小明先是客气了几句,略显拘谨,但进入数学正题后,就放松了。

　　"我先摸下底,数学中的数位、整数、自然数、奇数、偶数以及加减乘除四则运算,你们都掌握了吧?"见大家都点着头,小明继续说,"很好,那我出几道题测试一下。"

　　小明出的第一题是:有没有两个自然数,它们相加的和等于相乘的积?没想到题目刚说完,答案就被学生 A 报出来了,说这两个自然数是 2 和 2,并且指出,0 和 0 也有这样的特征。

小明竖起大拇指点赞,接着第二题:有没有三个整数,它们相加的和等于相乘的积?

答案马上又出来了,学生 B 站起来回答,是 1,2,3,因为 $1+2+3=6$,$1×2×3=6$。

小明连声说好,第三题是:有没有两个自然数,较大的除以较小的得到的商,和它们相乘得到的积是相同的?

又有学生 C 回答出,答案是 1 和 2,因为 $2÷1=2$,$2×1=2$。还补充说:"其实,有许多这样的数字组合,但其中一个数字必须是 1,另一个可以是其他任何自然数。"

"哪两个自然数相乘的积比它们相加的和小?"小明又出一题。

"有许多这样的数字组合,但其中一个数字必须是 1 或 0,1 或 0 和任何一个其他自然数组合都满足题意。因为任何一个自然数和 1 相加得到的结果都比自身大,而任何一个自然数和 1 相乘得到的结果还是它自身。任何一个自然数和 0 相乘的积都是 0,而和 0 相加得到的是它自身。"学生 C 回答得滴水不漏。

小明大吃一惊,心想你们有这样的水平,还请我来干什么。不行,得上点难度,就问:"哪两个整数相乘,结果为 7?"

同学们回答是 1 和 7,当小明再问为什么时,同学们都摇摇头。小明解释,像 3,5,7,11,13 这样的数,它们分解的因数只有 1 和它本身,这种数叫质数,也叫素数。因为 7 是质数,所以除了

1 和 7,没有其他整数相乘能等于 7。质数都有这个性质。

看到同学们听得很认真,小明说:"我们来做个游戏,把数字 1 到 7 写出来:1,2,3,4,5,6,7。可以非常轻松地只用加法和减法把这 7 个数字连起来,使得最后的结果为 40,比如 12+34-5 +6-7=40。现在请用同样办法,找出其他组合,使结果是 55。"

过了一会儿,就有三位同学上来,在黑板上写出三个算式:

123+4-5-67=55

1-2-3-4+56+7=55

12-3+45-6+7=55

小明先是表扬了三位同学,然后说:"这有多种做法,你们课后可以再试试。"接着,小明在黑板上画出 5×5 的方框图,要大家数一数图中一共有多少个正方形。

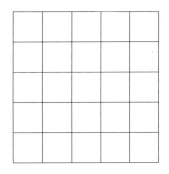

一开始,有同学脱口而出 25 个,但马上被自己否定了。同学们有说 41 个的,有说 50 个的,也有说 51 个的,但觉得都不完整。小明看大家讨论得差不多了,就说出正确答案——这个图中一共有 55 个 5 种大小的正方形,并分析起来。

由 1 个小正方形组成的正方形是 25 个；

由 4 个小正方形组成的正方形是 16 个；

由 9 个小正方形组成的正方形是 9 个；

由 16 个小正方形组成的正方形是 4 个；

由 25 个小正方形组成的正方形是 1 个；

共计 25＋16＋9＋4＋1＝55 个。

这时,有同学站起来提问:"4 个小正方形组成的正方形有 16 个,这个看不出来。"

小明用粉笔在图上,从左往右,从上到下,4 个小正方形、4 个小正方形地画出来,一边画一边数,不多不少正好 16 个。"你们从中得到启发了吗?"小明问。

见同学们频频点头,小明补充说:"现在一个一个数当然是笨办法,以后学到概率中的排列组合知识,可以用公式算,但深奥的数学理论都是从简单的实践中萌芽出来的。"

听到一阵掌声后,小明又出了两题,第一题是,在 1 到 50 的数中,找出满足下面条件的两位数:每位数字都是奇数;每位数字不同;个位数小于十位数。

第二题是,在 50 到 100 的数中,找出满足下面条件的两位数:每位数字都是偶数;每位数字不同;个位数大于十位数。

同学们经过一番思考,报出了答案:31 和 68。

小明点点头,说:"想不到吧,答案分别只有一个数。"说着,拿出一只计算器,将计算器键盘上的数字写在黑板上。

7　8　9

4　5　6

1　2　3

小明要大家,按照上面的排列顺序,除了中间的 5,从任何一个数字开始,每三个组成一个数字,按接龙的方法转一圈,然后把得到的数加起来看看。

A 同学的结果:123＋369＋987＋741＝2220。

B 同学的结果:236＋698＋874＋412＝2220。

C 同学的结果:789＋963＋321＋147＝2220。

D 同学的结果:896＋632＋214＋478＝2220。

……

都是 2220,无论按顺时针还是逆时针,都有这个规律。太神奇了。同学们问这是为什么。小明卖了个关子:"这个说来话长,留着以后说。"接着,小明鼓励同学们上来,展示下自己的学习心得。

A 同学上来,在黑板上写出关于 11、101、1001 的乘法算式:

$101 \times 11 = 1111$

$101 \times 22 = 2222$

$101 \times 33 = 3333$

$101 \times 44 = 4444$

$101 \times 55 = 5555$

……

1001 的乘法：

$1001 \times 111 = 111111$

$1001 \times 222 = 222222$

$1001 \times 333 = 333333$

$1001 \times 444 = 444444$

$1001 \times 555 = 555555$

……

B 同学上来,在黑板上写出除去 8 的连续数字 12345679 乘以 9,18,27 等的算式：

$12345679 \times 9 = 111111111$

$12345679 \times 18 = 222222222$

$12345679 \times 27 = 333333333$

$12345679 \times 36 = 444444444$

$12345679 \times 45 = 555555555$

$12345679 \times 54 = 666666666$

$12345679 \times 63 = 777777777$

$12345679 \times 72 = 888888888$

$12345679 \times 81 = 999999999$

C 同学上来,在黑板上写出下面的数字金字塔：

$1 \times 9 + 2 = 11$

$12 \times 9 + 3 = 111$

$123 \times 9 + 4 = 1111$

$1234×9＋5＝11111$

$12345×9＋6＝111111$

$123456×9＋7＝1111111$

$1234567×9＋8＝11111111$

$12345678×9＋9＝111111111$

$123456789×9＋10＝1111111111$

D同学上来,在黑板上写出另一形式的数字金字塔:

$1×8＋1＝9$

$12×8＋2＝98$

$123×8＋3＝987$

$1234×8＋4＝9876$

$12345×8＋5＝98765$

$123456×8＋6＝987654$

$1234567×8＋7＝9876543$

$12345678×8＋8＝98765432$

$123456789×8＋9＝987654321$

E同学上来,在黑板上写出和9有关的除法算式:

$1÷9＝0.1111111111…$

$2÷9＝0.2222222222…$

$3÷9＝0.3333333333…$

$4÷9＝0.4444444444…$

$5÷9＝0.5555555555…$

$6 \div 9 = 0.6666666666\cdots$

$7 \div 9 = 0.7777777777\cdots$

$8 \div 9 = 0.8888888888\cdots$

$9 \div 9 = 0.9999999999\cdots = 1$

$1 \div 9 = 0.1111111111\cdots$

$12 \div 99 = 0.1212121212\cdots$

$123 \div 999 = 0.123123123123\cdots$

$1234 \div 9999 = 0.123412341234\cdots$

$12345 \div 99999 = 0.123451234512345\cdots$

……

看着黑板上的一串串数字,同学们啧啧称奇。小明也连声叫好,称这就是数学之美、数字之美。你们接触多了,就一定会喜欢上它。接着,小明告诉大家两个小秘密,是关于三位数和四位数的减法。

任意写一个三位数,各位数字要不一样,用这三个数字组成的最大值减去它们组成的最小值,把得出的结果用同样的方法不停地做下去,结果一定是495。小明以7,5,8举例:

$875 - 578 = 297$,

$972 - 279 = 693$,

$963 - 369 = 594$,

$954 - 459 = 495$。

四位数这样减的话,结果一定是6174。小明以8,7,9,6

举例：

9876－6789＝3087，

8730－0378＝8352，

8352－2358＝6174，

7641－1467＝6174。

同学们用其他数字分别验证，结果完全正确，现场一片欢呼声。

王老师见好就收，对同学们说："今天小明老师来给大家上课，教给了同学们很多关于数字的知识点，对我来说，也是大开眼界。你们课后要再想想，再练练，举一反三，融会贯通。感谢小明老师，下课！"

在热烈的鼓掌声中，小明完成了自己的"上课"首秀。

38　语数

新城小学六年级学生中,有的喜欢数学,有的偏爱语文,也有的文理兼备。事实上,学好语文和数学,是小学生拥有美好未来的基础。语数结合的奇妙和有趣,能深深吸引求知欲强的小朋友。

有一天上课前,同学们七嘴八舌闲聊,小丽提到伟大的语文,说它能博你一笑,能长知识,还能把你搞糊涂。小明不信,要小丽举例说明。

小丽以"钱是没有问题"这六个字为例,说它能有许多种组合,可以变成不同意思的句子。说着,小丽写出了其中的一部分:

钱是没有问题

问题是没有钱

有钱是没问题

没有钱是问题

问题是钱没有

钱没有是问题

是有钱没问题

是没钱有问题

是钱没有问题

有问题是没钱

没问题是有钱

没钱是有问题

……

同学们凑过来一看,觉得每句都说得通,真会把人整晕。只有小明不以为然。他认为,这6个字从数学角度讲,就是个排列组合问题,"钱是没有问题"这6个字,用1表示"钱"、2表示"是"、3表示"没"、4表示"有"、5表示"问题",只有"问题"两个字不能拆开,这样就变成了1,2,3,4,5的不同组合问题。12534,51234,34125等都可以组成的句子,只要用代入法就可以了。通过这种方法,语文造句就转化为数字组合,所以语数是相通的。

对小明的观点,同学们褒贬不一。小强嬉皮笑脸地说:"我讲一个关于豆腐的段子,小明你能转化为数学问题吗?"

顾客:"豆腐多少钱?"

老板:"2块。"

顾客:"2块1块啊?"

老板:"1块。"

顾客:"1 块 2 块啊?"

老板:"2 块。"

顾客:"到底是 2 块 1 块,还是 1 块 2 块?"

老板:"是 2 块 1 块。"

顾客:"那就是 5 毛 1 块呗!"

老板:"去你的,不卖你了! 都给老子整糊涂了!"

段子讲完了,同学们哄堂大笑。小明嗔怪道:"你欠揍,这个是绕口令,算什么数学问题。"作势要抓他。小强连忙跑开。

"你跑得慢,听到的是骂声;你跑得快,听到的只是风声。"小琴有文艺范,开起了玩笑。同学们又是一阵笑。

小伟觉得数字是最准确的描述。他说:"数学里有个美好的词,叫求和;有个遗憾的词,叫无解;有个霸气的词,叫有且仅有;有个悲伤的词,叫无限接近却永不相交。还有个模糊的词叫约等于,遥远的词叫未知数,单调的词叫无限循环,坚定的词叫绝对值。但是乘法中,一方为零,结果都为零。"

听到小伟这样说,小琴表示很钦佩,说小伟明着是说数学,实际上包含诗意。"一方为零,结果都为零。这个真的能让人联想到很多,也终于让人明白为何零排最前面,无论人生拥有多少阿拉伯数字,最后都为零。人这一生又何尝不是这些词的组合呢? 这些词把人生剖析得淋漓尽致。每个人一辈子都在解这些数学题。除不尽的非要除尽,那就一定得有小数点,这也许在人生中就是伤疤! 有个不能交心的词,平行永不相交。好费解的人生啊！原来数学的结果能诠释人生的全部意义。"

小孙带头鼓掌，口口声声称小琴为"女诗人"，说得小琴脸都红了。小琴气呼呼地说："小孙你针对我干吗？你也说个段子啊！"

小孙回应："说就说！"他的段子是这样的。

"先生，耽误您两分钟时间，我是做理财的，投我们公司，利率高达 15％，稳赚不赔啊！"

"既然利润这么高，你自己怎么不去投呢？"

"你不知道，我们推销员都穷，没钱，要有钱早投了。"

"没钱是吧，好好好，咱们坐下来慢慢谈，我是搞小额贷款的，利息只有 8％，你还有 7％ 的空间……哎哎哎，你别走啊！"

这个虽然是段子，大家觉得还是挺有现实意义的，现在社会上各种理财推销太多了。这时周老师走进了教室，同学们便都安静下来，专心听周老师上新课。

39　数字诗

　　周日,数学兴趣班成员小明、小强、小丽等九人去郊外游玩,玩得累了,在一空旷的山坡草地上围成一圈席地而坐,小强提议大家一起做游戏。

　　"我来给你们出奥数题做吧。"小明三句不离本行。

　　"不,我们在学校天天做数学题,好不容易出来放松,坚决不做数学题了。"小丽第一个反对。

　　"那你说玩什么好?"小琴问。

　　小丽用手指了指四周,缓缓说道:"你们看,无论是破土而出的,还是含苞待放的,无论是慢慢舒展的,还是缓缓流淌的,也无论是悄无声息的,还是莺莺絮语的,只要季节老人把春的帷幕拉开,植物们就会用自己独特的方式,在大地舞台上展现自然而神奇的活力,于是,故事就开始在山野漫游开来。"

　　"好有诗情画意啊。"小强连声赞美。

　　一句话提醒了小丽,她兴奋地提出:"我们来赛诗怎么样?"

"别忘了,我们是数学兴趣小组成员,哪怕是玩,也要和数学有关联。"小明坚持己见。

"这好办,我们刚好九个人,每个人都来背含有数字的名人诗句,一个人背一个数。这样数和诗相结合了吧。"小丽很得意。

"既然这样,从你开始吧,我们看你的样好了。"小明同意了。

"那我先来,朗诵几首含有'一'的诗句,然后按照顺时针方向,一个个轮下去。"小丽说来就来。

"时间关系,一首诗中,只要朗诵出有数字的那几句就可以了。"小伟的提议得到大多数人的赞同。

"好,第一首是李白的《观放白鹰》,其中'孤飞一片雪,百里见秋毫'含有'一'。第二首是杜牧的《过华清宫绝句》,'一骑红尘妃子笑,无人知是荔枝来'也含有'一'。"接着,小丽朗诵了"篱落疏疏一径深,树头花落未成阴"(杨万里《宿新市徐公店》),"半亩方塘一鉴开,天光云影共徘徊"(朱熹《观书有感》),"最是一年春好处,绝胜烟柳满皇都"(韩愈《早春》)。

"那我也来五句含有'二'的诗。"不等点名,坐在小丽左边的小琴自告奋勇,站起来朗诵了五句诗:"二月二日江上行,东风日暖闻吹笙"(李商隐《二月二日》),"不知细叶谁裁出,二月春风似剪刀"(贺知章《咏柳》),"停车坐爱枫林晚,霜叶红于二月花"(杜牧《山行》),"解落三秋叶,能开二月花"(李峤《风》),"五原春色旧来迟,二月垂杨未挂丝"(张敬忠《边词》)。

小琴的深情朗诵博得一阵掌声。

轮到小伟时是含有"三"的诗句。他想了想,硬是背出了几句五言诗:"镜湖三百里,菡萏发荷花"(李白《子夜吴歌·夏歌》),"谁言寸草心,报得三春晖"(孟郊《游子吟》),"故国三千里,深宫二十年"(张祜《宫词·故国三千里》),"功盖三分国,名成八阵图"(杜甫《八阵图》),"楚塞三湘接,荆门九派通"(王维《汉江临泛》)。

"含有'四'的诗句有哪些呢?"小明站起来,急得团团转,对他来说,这比做奥数题还难。还好,转了几个圈,想到了四海、四山、四野这些词,接着,留在脑海里的诗句也冒出来了。他断断续续背出了"人间四月芳菲尽,山寺桃花始盛开"(白居易《大林寺桃花》),"闻道梅花坼晓风,雪堆遍满四山中"(陆游《梅花》),"四海无闲田,农夫犹饿死"(李绅《悯农》),"蚕种须教觅四眠,买桑须买枝头鲜"(黄燮清《长水竹枝词》),"停杯投箸不能食,拔剑四顾心茫然"(李白《行路难》)。背完后,他长舒一口气,好像是完成了一项艰巨的任务。

小明后面是小孙,他要朗诵含有"五"的诗句。他先是朗诵出《七律·长征》中的"五岭逶迤腾细浪,乌蒙磅礴走泥丸",这两句他记忆最深刻。接着想起了李白《闻王昌龄左迁龙标遥有此寄》中的"杨花落尽子规啼,闻道龙标过五溪"。后来在旁边同学的提示下,总算完成了剩下的三首:"丹砂五色时光焰,紫翠中天半有无"(孙蒉《罗浮》),"田家少闲月,五月人倍忙"(白居易《观刈麦》),"日暮汉宫传蜡烛,轻烟散入五侯家"(韩翃《寒食》)。

含有"六"的诗句是小黄朗诵出的,别看他平时言语不多,背诗是把好手:"徘徊六合无相知,飘若浮云且西去"(李白《赠裴十四》),"去年六月无稻苗,已说水乡人饿死"(王建《水运行》),"白发戴花君莫笑,六幺催拍盏频传"(欧阳修《浣溪沙·堤上游人逐画船》),"六曲连环接翠帷,高楼半夜酒醒时"(李商隐《屏风》),"袨服华妆着处逢,六街灯火闹儿童"(元好问《京都元夕》)。

小强运气不错,排在第七位,朗诵含有"七"的诗句,古代诗人写七夕诗的实在太多了,所以小强虽然结结巴巴,也算是过关了:"牛女相期七夕秋,相逢俱喜鹊横流"(曹松《七夕》),"七夕今宵看碧霄,牵牛织女渡河桥"(林杰《乞巧》),"年年七夕渡瑶轩,谁道秋期有泪痕"(崔涂《七夕》),"已驾七香车,心心待晓霞"(李商隐《壬申七夕》),"万古永相望,七夕谁见同"(杜甫《牵牛织女》)。

剩下小熊和小马,两个人你看看我,我看看你,装出一副愁眉苦脸的样子。小马两手一摊,示意小熊先来。

小熊吟出含有"八"的诗句五首,以唐代孟浩然的《望洞庭湖赠张丞相》开头:"八月湖水平,涵虚混太清。"

杜甫的《八阵图》跟上:"功盖三分国,名成八阵图。"

少不了左思的《咏史》:"悠悠百世后,英名擅八区。"加上唐代边塞诗人岑参的《白雪歌送武判官归京》:"北风卷地白草折,胡天八月即飞雪。"以杜甫的《壮游》结尾:"饮酣视八极,俗物都茫茫。"

剩下小马背诵含有"九"的诗句。他首先由七夕想到牛郎织女,唐代刘禹锡的《浪淘沙九首·其一》就出来了:"九曲黄河万里沙,浪淘风簸自天涯。"

然后是唐代王勃的《九日登高》:"九月九日望乡台,他席他乡送客杯。"

接着唐代卢照邻的《九月九日旅眺》也跳出来:"九月九日眺山川,归心归望积风烟。"

紧接着是唐代李白的《九日龙山饮》:"九日龙山饮,黄花笑逐臣。"

最后一首是唐代岑参的《奉陪封大夫九日登高》:"九日黄花酒,登高会昔闻。"

这样转了一圈,虽然有的朗诵得有滋有味,有的背得结结巴巴,但大家的诗总算都按要求完成了。在一阵热烈的掌声后,小丽又要安排新的节目,可小强不干了,他高声叫道:"肚子饿得咕咕叫了,我们去找个有吃的地方吧!"听小强这么一吆喝,很多同学有同感,都说笑着站起来,往山脚下走去。

40 数学故事

下午放学后,数学兴趣小组成员照例留下来。周老师临时有急事要迟点来,请学生们先自由活动。

"我们来讲数学故事吧!"小丽的提议得到大多数同学的支持。

"既然是小丽出的主意,就由小丽开头吧!"小强顺水推舟。

"我先来也行。"小丽并不推托,给大家说了一则中国古时关于"三八二十三"的故事。

据说春秋战国时,孔子的得意门生颜回,有一天到街上办事,看到一家布店门口有两个人在吵架,卖布的要向买布的收取二十四块钱。但买布的说:"一尺布三块钱,八尺布应该是二十三块钱,为什么要我付二十四元?"

颜回一听,走到买布的人跟前说:"这位仁兄,你错了,三八是二十四,你应该付给店家二十四元才对。"

买布的人很不服气,指着颜回说:"你有什么资格说话,三八是二十三还是二十四,只有孔夫子有资格评断,咱们找他评理去!"

颜回说:"很好,孔子是我的老师,如果他说是你错了,怎么办?"买布的人说:"如果我错了,我就把头给你,但如果是你错了呢?"

"如果是我错了,我就把头上的帽子输给你。"颜回说。

两人找到孔子,孔子问明情况后,对颜回说:"颜回,你输啦,三八就是二十三!你把帽子取下来给人家吧!"

颜回从来没有反对过老师,现在听孔子这么一说,他认为老师糊涂了,等到买布的人拿着颜回的帽子高高兴兴地离开后,颜回就气呼呼地问孔子:"老师,三八明明是二十四,您怎么也说是二十三呢?"

孔子反问:"那么你说,到底是生命重要,还是帽子重要呢?"

颜回说:"当然是生命重要了。"

孔子说:"这就对了。如果我说三八是二十三,你输的只不过是一顶帽子;如果我说三八是二十四,他输的可是一条人命呢!"

听孔子这么一说,颜回明白过来了,对老师佩服得五体投地。

小丽的故事说完了,小明开玩笑道:"你这说的哪是数学故事,明明是哲学观点嘛。"听得大家都笑了。

"我是想借这个故事说明,就是像孔子这样的读书人,说话做事也应该灵活多样,不能太迂腐。"小丽解释。

"那我来讲一个谋略故事,叫'田忌赛马'。"小强自告奋勇地接着讲第二个故事。

中国古代齐国有个大将田忌,很喜欢赛马,有一回,他和齐威王约定,要进行一场比赛。各自的马都可以分为上、中、下三等。比赛的时候,齐威王总是用自己的上马对田忌的上马,中马对中马,下马对下马。由于齐威王每个等级的马都比田忌的马强一些,所以比赛了几次,田忌都失败了。

有一次,田忌又失败了,田忌的好朋友孙膑招呼田忌过来,拍着他的肩膀说:"我刚才看了赛马,齐威王的马比你的马快不了多少呀。我有办法准能让你赢了他。"

田忌疑惑地看着孙膑:"你是说另换一匹马来?"

孙膑摇摇头说:"连一匹马也不需要更换。"

田忌毫无信心地说:"那还不是照样得输!"

孙膑胸有成竹地说:"你就按照我的安排办事吧!"

重赛时,孙膑先以下等马对齐威王的上等马,第一局田忌输了。齐威王站起来说:"想不到赫赫有名的孙膑先生,竟然想出这样拙劣的对策。"

孙膑不去理他。接着进行第二场比赛。孙膑拿上等马对齐威王的中等马,获胜了一局。齐威王有点慌乱了。第三局比赛,孙膑拿中等马对齐威王的下等马,又战胜了一局。这下,齐威王目瞪口呆了。

比赛的结果是三局两胜，田忌赢了齐威王。

小明说："这个故事有意思，现代体育比赛，像乒乓球、羽毛球等团体赛时常常会用到，在双方实力接近的时候，排兵布阵是很重要的一环。"

"小明，你不能光评论，你也讲一个故事啊。"小丽点名了。

"好吧，我讲一个'曹冲称象'的故事。"说着，小明讲起了故事。

有一次，孙权送给了曹操一头大象。大象运到许昌那天，曹操便带领文武百官和小儿子曹冲一同前去观看。看到大象后，曹操让自己的手下官员想办法称出大象的重量。官员们围着大象议论纷纷，但是谁也想不出办法。就在这个时候，曹冲站了出来，告诉大家自己有办法称出大象的重量。他先是叫人把大象牵到船上，当船下沉时，他命人沿水平线在船上画一道记号。士兵把大象牵上岸后，曹冲又让人将石头装到船上，直到记号和水面齐平。然后，曹冲告诉曹操，只要称出石头的重量就能知道大象的体重。

"曹冲小小年纪真聪明，这和阿基米德称国王的金王冠的道理很相似。"小强啧啧称奇。

小丽拉拉小琴衣角，示意她也来一个。小琴说："那我讲一个'东坡对联'的故事。"

宋代大诗人苏东坡年轻时与几个学友进京考试，他们赶到考场时为时已晚。考官说："我出一联，你们若对得上，我就让你们进考场。"

考官的上联是:一叶孤舟,坐了二三个学子,启用四桨五帆,经过六滩七湾,历尽八颠九簸,可叹十分来迟。苏东坡想了一下,马上对出下联:十年寒窗,进了九八家书院,抛却七情六欲,苦读五经四书,考了三番两次,今日一定要中。考官与苏东坡都将一至十这十个数字嵌入对联中,将读书人的艰辛与刻苦情况描写得淋漓尽致。考官爱才,让苏东坡与几个学友进了考场。

一阵赞叹声中,小伟接下来讲了一个"张三抽签"的故事。

古时候,有一位糊涂的县官,因为听信他师爷的谗言,把无辜的张三抓了起来。在审问时,他对张三说:"明天给你最后一次机会,到时我这里有两张签纸,一张签纸上写着'死'字,另一张签纸上写着'生'字,你抽到'生'就判生,抽到'死'就判死。"

可是,一心想害死张三的师爷却在两个签纸上都写了一个"死"字,幸亏张三的一位朋友把这个消息悄悄告诉了他。第二天,县官在开堂时,让张三抽签纸。张三抽了一张签纸,连忙吞进肚子里。县官只好打开另一张签纸,发现上面写着"死"字,以为张三抽到的是"生"字签纸,就放了张三。

"这个县官差点要了张三的命,好糊涂啊!我来说个'王爷分饼'的故事,你们来评判一下,谁分得的饼最多呢?"小孙不等大家开口,就讲开了。

一位王爷去山上看望习武的儿子,兄弟几个见父王来了,立刻围了上来。王爷说:"孩子们,父王今天带来了你们最喜欢吃的大饼。"说着取出一个大饼平均分成了两份,给了老大一块。

嘴馋的老二说:"父王,我想吃两块饼。"于是王爷把第二块饼平均分成了四份,给了老二两块。贪心的老三说:"父王,给我三块饼。"王爷又把第三块饼平均分成了六份,给了他三块。一向老实的大哥开腔了:"父王,老四最小,应该给他六块。"老四听了非常高兴,觉得父王给他最多。

听到这里,有些同学讥笑起王爷的儿子来。小明说:"前面讲的这些故事,哲理性和趣味性有一些,但数学性略显不足,接下来是否要突出这方面的内容。"

"我这个是纯数学故事题。"小黄哈哈笑着,说起"师徒摘桃"的故事。

一天,唐僧命徒弟悟空、八戒、沙僧三人去花果山摘些桃子。不久后,徒弟三人摘完桃子高高兴兴回来。师父唐僧问:"你们每人各摘回多少个桃子?"

八戒憨笑着说:"师父,我来考考你。我们每人摘的一样多,我筐里的桃子不到 100 个,如果 3 个 3 个地数,数到最后剩下 1 个。你算算,我们每人摘了多少个?"

沙僧神秘地说:"师父,我也来考考你。我筐里的桃子,如果 4 个 4 个地数,数到最后也是剩 1 个。你算算,我们每人摘了多少个?"

悟空笑眯眯地说:"师父,我也来考考你。我筐里的桃子,如果 5 个 5 个地数,数到最后还是剩 1 个。你算算,我们每人摘了多少个?"

唐僧这点聪明还是有的,闭上眼睛一默念,结果就出来了。"你们知道是多少吗?"小黄不直接说出答案,反而卖起关子。

"这也太简单了,各摘回 61 个桃子。"小强马上报出结果。

"看来,你比唐僧聪明多了。"小明取笑小强。

小强正要还击,被小马制止。小马说:"我听说这在招聘时,出过一道面试题,难住了不少高才生,你们想不想听听?"

"我们又不去应聘,不关心这个。"有同学这样说。

"连高才生都难住了,我们更不行了。"也有同学这样表示。

看到小明坚持要听这个故事,小马说出了题目:

假设:$1=4,2=8,3=24$

求 $4=?$

没想到题目是这么简单的,同学们就七嘴八舌议论开了。有的说这个是 2 的次方问题,$4=32$,小马摇摇头;有的说这个是脑筋急转弯,$4=4$,小马又摇摇头;有的根据 $1=4$,说反过来就是 $4=1$,小马还是摇摇头;只有小明静静地观察了一会儿,说出结果是 $4=96$。小强问他为什么,小明列出算式解释,根据 $4×2=8,8×3=24$,可以得到 $24×4=96$。这下小马点点头表示解题正确。小马评论道,这是家高科技公司,招的是编程技术人员,上面这个就是算法语言的一种表达方式。看来小明是有这方面天赋的。

同学们一起叫好,倒弄得小明不好意思。刚好这时周老师进来了,大家就静下来认真听新课。

41 　诗文数学

　　有一次,周老师在数学兴趣小组上课时说到数学之美,称数学虽然没有鲜艳的色彩、美妙的声音和动感的画面,却有一种独特的美。德国数学家克莱因曾说:"音乐能激发或抚慰情怀,绘画使人赏心悦目,诗歌能动人心弦,哲学使人获得智慧,科技可以改善物质生活,但数学却能提供以上一切。"

　　"所以我们特别喜欢数学。"有同学在下面窃窃私语。

　　"你们喜欢数学是好的,但是也要学些音乐、绘画、诗歌等,最好是将它们结合起来,融会贯通。"周老师循循善诱。

　　"诗歌也能和数学结合在一起?"又有同学提出疑问。

　　"当然可以。古代人就喜欢寓数学题于诗词之中。"周老师做出肯定回答。

　　"那能不能举例说明?"小丽提出要求。

　　"好,今天就来解几道诗文数学题。"周老师先是念了一首诗:"肆中饮客乱纷纷,薄酒名醨厚酒醇。醇酒一瓶醉三客,薄酒三瓶醉一人。共同饮了一十九，三十三客醉颜生。试问高明能算士，几多醨酒几多醇？"

念完后，周老师补充说："这首诗的作者是明代程大位，他编了本《算法统宗》，是一本通俗实用的数学书，也称得上是将数字入诗的代表作。程大位原本是一位商人，经商之便搜集各地算术方面的书籍，编成一首首的歌谣口诀，将枯燥的数学问题转化成美妙的诗歌，读来朗朗上口。"

"可是，这个诗意我们还没有完全理解。"小琴似懂非懂的样子。

周老师解释道："这首诗是说，好酒1瓶，可以醉倒3位客人，薄酒3瓶，可以醉倒1位客人。如果33位客人都醉倒了，他们总共饮下19瓶酒。问其中好酒、薄酒分别是多少瓶？"

这样一解释，同学们全懂了，这不就是个解二元一次方程的问题吗，小明马上说出答案：好酒是10瓶，薄酒是9瓶。小强一验算，没错。大家鼓掌欢呼。

看大家情绪高涨，周老师又出一题："甲赶群羊逐草茂，乙拽一只随其后，戏问甲及一百否？甲云所说无差谬，若得这般一群凑，再添半群小半群，得你一只来方凑，玄机奥妙谁猜透？"

将其译成数学题是，甲赶着一群羊在前面走，后面跟着牵着1只羊的乙，乙问甲："你这里有100只羊吗？"甲回答说："不，我这不是100只羊，如果先增加我这里的100%，再增加我这里的50%，然后增加我这里的25%，最后加上你那1只才够100只。

你说我这里有多少只羊?"

周老师刚翻译完,小伟就说出甲这群羊是 36 只。小强不信,问他怎么算出来的。小伟笑而不答,走上讲台,在黑板上写下一个算式:

$36+36+18+9+1=100$

同学们一看就全明白了,又是一阵掌声送给小伟。

周老师满意地点着头,也在黑板上写出一首诗:"巍巍古寺在山林,不知寺内几多僧。三百六十四只碗,看看周尽不差争。三人共食一碗饭,四人共吃一碗羹。请问先生明算者,算来寺内几多僧?"

写完后,周老师解释,这首诗的作者是清代诗人徐子云,他将数学的"抽象"与诗词的"形象"结合在一起,创作出了这首数学诗。诗句的意思是:山林中有一个古寺,寺里一共有 364 只碗,平均 3 个僧人共用 1 只碗吃饭,4 个僧人共用 1 只碗喝汤,请问寺中有多少个僧人?

小孙走上前来,说这个容易,首先找出其中的等量关系:吃饭的碗+喝汤的碗=364,我们可以设寺内有 x 个僧人,这样就可以根据等量关系来列方程。因为每 3 个僧人共用 1 个吃饭的碗,每 4 个僧人共用 1 个喝汤的碗,也就是说 $1/3x+1/4x$ 就是寺内僧人的总人数。

因此,$1/3x+1/4x=364,4/12x+3/12x=364,7/12x=364$,$x=624$。也就是说寺内僧人有 624 人。

周老师连声称好,继续出了个"排鱼求数"题:"三寸鱼儿九里沟,口尾相衔直到头。试问鱼儿多少数,请君对面说因由。"

"这首诗就更难理解了。"连诗词基础较好的小丽都直呼看不懂。

周老师笑着说:"这个需要我来解释,这首诗的作者梅珏成,是清代数学家。关于里、步的大小随朝代不同而不同。周代时,1 步＝8 尺;秦汉至南北朝时,1 步＝6 尺,1 里＝300 步。如《汉书·食货志》载:1 里＝300 步,1 步＝6 尺,简称秦汉制。隋唐起改为 1 里＝360 步,1 步＝5 尺。这是旧制以营造尺,五尺为步。将这首诗译成数学题:3 寸长的一群小鱼儿,它们口尾相接在河里游玩,从头到尾排成了 9 里长。试问这群鱼儿有多少条?请说出你推算的理由。"

这下小丽听明白了,她站起来,说:"因为 1 里＝360 步,所以9 里为 9×360＝3240 步,又因为 1 步＝5 尺＝50 寸,所以有 3240×50＝162000 寸,因此有 162000÷3＝54000 条。也就是说,这群活泼可爱的小鱼儿共有 5.4 万条。"

掌声响起来,说明小丽回答正确。

周老师竖起大拇指表扬了小丽,接着说:"前面几首诗都是中国古代人写的,西方人也喜欢把诗歌作为数学问题的载体。古希腊著名数学家丢番图就很有趣,他在临终时为自己写下一篇数学诗性质的墓志铭:'过路的人! 这儿埋着丢番图的骨灰。下面的数字可以告诉您,他一生究竟有多长。他一生的 1/6 享受童年的幸福,1/12 是无忧无虑的少年。再过去 1/7 的年程,他建立了美满温馨的家庭。5 年后儿子出生,不料儿子竟在父亲去世前 4 年丧生,年龄不过父亲享年的一半,悲痛之中度过了风烛残年。请您算一算,他活多少岁才见死神面?'"说到这里,周老师问:"古诗文与数学结合让人意趣盎然,你们听懂了吗?"

"不仅听懂了,我还知道这个丢番图活了 84 岁。"小黄第一个报出结果。

"你知道丢番图的生平?"小强猜测。

"没有,我是根据他写的墓志铭算出来的。"说着,小黄也走上讲台,在黑板上写起来:

设丢番图活了 x 岁,根据题意,

$1/6x + 1/12x + 1/7x + 5 + 1/2x + 4 = x$

$14/84x + 7/84x + 12/84x + 5 + 42/84x + 4 = x$

$9/84x = 9$

$x = 84$

"你们看看,我说丢番图活了 84 岁不多不少吧!"小黄最后的这句话,惹得大家都笑了。

周老师忍住笑,继续启发大家,"通过以上几个例子可见,诗文完美地诠释了数学的意境,是对数学富有诗意的刻画,而数学也为诗歌增添了不一样的意象,二者相融相通,相得益彰。"

这堂诗文数学课,赢得同学们的阵阵掌声,取得了很好的效果。

42 悖论

数学兴趣小组活动日,周老师刚走进教室,小强就说:"周老师,我有个问题想不明白。"

"什么问题?说来听听!"周老师笑眯眯地问。

"昨天是星期天,我去公园玩,发现有三个人在玩'钱包游戏'。"小强介绍起来。

三个人中,其中一个是年长的,另两个是年轻的,只听长者对两个年轻人说:"我来告诉你们一个新游戏。把你们的钱包放在桌子上,我来数里面的钱。钱少的人可以赢得另一个钱包中的所有钱。"

年轻人中的甲想:"如果我的钱多,就会输掉我这些钱;如果他的钱多,我就会赢得多于我的钱。所以赢的要比输的多,这个游戏对我有利。"

同样地,年轻人中的乙也认为这个游戏对他有利。

"我当时就纳闷了,想不明白,一个游戏怎么会对双方都有利呢?"小强把疑问摆出来。

听完了小强的叙述,其他同学也都感兴趣,想听周老师如何解释。

周老师说:"这是个悖论,确实是个烧脑的问题。说起悖论,就不得不说数学上最有名的'罗素悖论'。"

"罗素悖论是什么?"同学们很好奇。

"说来话长。"周老师介绍起来。一天,村里一个理发师挂出了一块招牌:"村里所有不自己理发的人都由我给他们理发,我也只给这些人理发。"于是有人问他:"那你的头发由谁来理呢?"理发师顿时哑口无言。因为如果他给自己理发,那么他就属于自己给自己理发的那一类。但是,招牌上说他不给这类人理发,因此他不能给自己理发。如果由另外一个人给他理发,他就是不给自己理发的人,而招牌上说他要给所有不自己理发的人理发,因此他应该自己理。由此可见,不管做怎样的推论,理发师所说的话总是自相矛盾的。这个著名的悖论,称为"罗素悖论"。

"那为什么叫罗素悖论呢?"有同学插问。

周老师继续介绍。因为这是由英国哲学家罗素提出来的,他把关于集合论的一个著名悖论用故事通俗地表述出来。1874年,德国数学家康托尔创立了集合论,很快渗透到大部分数学分支,成为数学的基础。到 19 世纪末,全部数学几乎都建立在集合论的基础上了。就在这时,集合论中接连出现了一些自相矛盾的结果,特别是 1902 年"罗素悖论"的提出,它极为简单、明确、通俗。于是,数学的基础被动摇了,这就是所谓第三次"数学危机"。此后,为了克服这些悖论,数学家们做了大量研究工作,由此产生了大量新成果,也带来了数学观念的变革。

"就是说悖论要解决那些看起来自相矛盾的数学问题,数学和哲学挂上钩了。"小强似有所悟。

看到周老师点头认可,小丽要他举几个解决悖论问题的例子。

周老师笑着问:"你们认为上帝是万能的吗?"

"当然不是!"同学们回答得很干脆。

"如何证明呢?"周老师紧跟着问。

同学们愣住了,还是小明基础好,提出用反证法证明。证明过程如下:

假设上帝是万能的,那么上帝能造出一块他自己都举不起来的石头,否则上帝就不是万能的,但是上帝又举不起这块石头,因此上帝不是万能的,这与假设矛盾,所以原假设不成立,即上帝不是万能的。

周老师表扬了小明,又出了个关于橡皮绳上的蠕虫的题目:橡皮绳长1千米,一条蠕虫在它的一端。蠕虫以每秒1厘米的恒定速度沿橡皮绳爬行,而橡皮绳每过1秒钟就拉长1千米。如此下去,蠕虫最后究竟会不会到达终点呢?

小强心急,马上说,这蠕虫不可能爬到终点。他这样解释,随着橡皮绳的拉伸,蠕虫离终点越来越远,怎么会到得了终点呢？

但细心的小伟想到了,随着橡皮绳的每次拉伸,蠕虫也向前挪动了,随着时间的推移,蠕虫身后的橡皮绳越来越长,就是说,蠕虫离起点越来越远,如果不考虑蠕虫的寿命问题,蠕虫就一定能爬到终点。

周老师很赞赏小伟的思考能力,认为解决这些问题需要具备一定的哲学思想。为了更好地说明问题,周老师又说了一件关于"相遇点"的事。

A先生沿着一条小路上山。他早晨七点动身,当晚七点到达山顶。第二天早晨沿同一小路下山,晚上七点又回到山脚,遇见了B先生。

B先生听完了A先生的上下山经历,对他说:"你可曾知道你今天下山时走过这样一个地点,你通过这点的时刻恰好与你昨天上山时通过这点的时刻完全相同?"

A先生惊叫道:"这绝不可能! 我走路时快时慢,有时还停下来休息。"

说到这里,周老师提问,B先生的说法正确吗?

"B先生的说法是完全正确的。"小孙回答。

"你这么肯定,是怎么知道的?"小强不相信。

小孙解释道:"当A先生开始下山时,设想A先生有一个替身同时开始登山,这个替身登山的过程同A先生昨天登山时完全相同。在这一天的时间段内,A先生和这个替身必定要相遇。

我不能断定他们在哪一点相遇,但一定会有这样一点。"

小强明白了,其他同学也都明白过来,教室里掌声雷动。连周老师都吃了一惊,不由得对小孙刮目相看。接着,周老师又出一题:

一个果农卖草莓,带来 30 只稍大的草莓和 30 只稍小的草莓,大草莓 1 元钱 2 只,小草莓 1 元钱 3 只。第一天,这 60 只草莓卖光了。30 只大草莓收入 15 元,30 只小草莓收入 10 元,总共是 25 元。

第二天,这个果农又拿来和第一天同样的草莓。他想:"如果 30 只大草莓是 1 元钱卖 2 只,30 只小草莓是 1 元钱卖 3 只,何不放在一起,2 元钱卖 5 只呢?"这一天,60 只草莓全按两元钱 5 只卖出去了。果农点钱时才发现,只卖得 24 元,而不是 25 元。问题来了,这 1 元钱到哪儿去了呢?

这个问题对数学兴趣班的学生来说是简单的,小强、小琴等同学从不同角度对少收的这一元钱做了分析,得到了周老师的肯定。

周老师指出,悖论是指表面上同一命题或推理中隐含着两个对立的结论,而这两个结论都能自圆其说。所谓解悖,就是运用对称逻辑思维方式发现、纠正悖论中的逻辑错误。周老师还解答了先有鸡还是先有蛋这个悖论,满足了大家的好奇心。

最后,周老师引用了苏格拉底的一句名言:"我只知道一件事,那就是什么都不知道。"同学们都会心地笑了。

43 0.618

　　有一天,新城小学六年级数学兴趣班学生走进教室,发现黑板上写着 0.618 这个数字,觉得很奇怪,就围住周老师问起来。

　　据周老师介绍,0.618 这个数字非常重要,也非常有趣。他在黑板上写出了几个算式:

$1 \div 0.618 \approx 1.618$

$(1-0.618) \div 0.618 \approx 0.618$

$1 \div (1+0.618) \approx 0.618$

$(\sqrt{5}-1)/2 \approx 0.618$

$x^2+x-1=0$ 的正数根,即 $x=(\sqrt{5}-1)/2 \approx 0.618$

　　同学们拿出计算器一验算,还真是这样,就七嘴八舌议论起来。小强好奇心重,问周老师这个数字是怎么来的。

　　周老师说:"这个数字来源于线段的分割,把一条线段分割为两部分,使其中一部分与全长之比等于另一部分与这部分之比。其比值是 $(\sqrt{5}-1)/2$，取其小数点后三位的近似值就是 0.618。"

"那这个数字有什么作用?"问题接踵而来。

"这个数字称作黄金比，又称黄金律，是指事物各部分间一定的数学比例关系，即将整体一分为二，较大部分与较小部分之比等于整体与较大部分之比，其比值约为 1：0.618，即长段为全段的 0.618。0.618 被公认为是最具审美意义的比例数字。上述比例是最能引起人的美感的比例，因此被称为黄金分割。"周老师回答。

"能引起人的美感的比例? 这个怎么理解呢?"小丽纳闷。

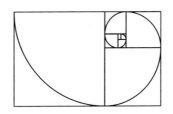

"如上图所示，由于按此比例设计的造型十分美丽柔和，因此称为黄金分割，也称为中外比。这个数值的作用不仅仅体现在诸如绘画、雕塑、音乐、建筑等艺术领域，而且在管理、工程设计等方面也有着不可忽视的作用，在我们生活中比比皆是。"周老师说到这里，又补充道，"关于黄金分割比例的起源一般认为来自毕达哥拉斯，据说在古希腊，有一天毕达哥拉斯走在街上，在经过铁匠铺前，听到铁匠打铁的声音非常好听，于是驻足倾听。他发现铁匠打铁节奏很有规律，这个声音的比例被毕达哥拉斯用数学的方式表达出来,被应用在很多领域。后来很多人专门研究过这个数字,开普勒称其为'神圣分割',也有人称其为'金法'。"

"在我们现实生活中,哪些地方在应用黄金分割?"

"这个应用得太多了,比如五角星或正五边形。五角星是非常美丽的,中国的国旗上就有五颗,还有不少国家的国旗也用五角星,这是为什么? 因为在五角星中可以找到的所有线段之间的长度关系都是符合黄金分割比的。又比如黄金分割具有严格的比例性、艺术性、和谐性,蕴藏着丰富的美学价值。在许多高雅的艺术殿堂里,都留下了黄金数的足迹。一些名画、雕塑、摄影作品的主题,大多在画面的 0.618 处。艺术家们认为弦乐器的琴马放在琴弦的 0.618 处,能使琴声更加柔和甜美。达·芬奇的《维特鲁威人》符合黄金分割比。《蒙娜丽莎》中蒙娜丽莎的脸也符合黄金分割比,《最后的晚餐》同样也应用了该比例布局。画家们发现,按 0.618：1 来设计腿长与身高的比例,画出的人体身材最优美。古希腊维纳斯女神塑像及太阳神阿波罗的形象都通过延长双腿,使之与身高的比值为 0.618,从而创造艺术美。音乐家发现,二胡演奏中,'千金'分弦的比符合 0.618：1 时,奏出来的音调最和谐、最悦耳。"周老师一口气举了许多例子。

"0.618 还和植物结构有密切联系。有些植茎上,两张相邻叶柄的夹角是 137°28′,这恰好是把圆周分成 1：0.618 的两条半径的夹角 $360° \times (1 - 0.618) = 137.52°$。据研究发现,这种角度下植物通风和采光效果最佳。向日葵花盘中的种子按照两种模式排列,通常一个方向是 34 转,而另一个方向是 55 转,或者一个方向是 55 转,而另一个方向是 89 转。$34 \div 55 \approx 0.618$;$55 \div 89 \approx 0.618$。"周老师用手指指教室外的树木,现身说法。

"植物精巧而神奇的排布中,竟然隐藏着 0.618 的比例。难道植物学会了数学?"又有同学惊叹。

"人体就更不用说了,处处和 0.618 有关。"周老师继续举例。人为什么在环境 22 ℃ 至 24 ℃ 时感觉最舒适。因为人的体温为 37 ℃,与 0.618 的乘积为 22.9 ℃,而且这一温度中机体的新陈代谢、生理节奏和生理功能均处于最佳状态。现代医学研究还表明 0.618 与养生之道息息相关,动与静是一个 0.618 的比例关系,大致四分动六分静,才是最佳的养生之道。医学分析还发现,饭吃六七成饱的几乎不生胃病。理想体重最好是"身高×(1−0.618)"。

看到同学们频频点头,周老师进一步指出,数字 0.618 在经济、军事、管理等方面都有应用,更为数学家所关注。它的出现,不仅解决了许多数学难题,如十等分、五等分圆周,求 18 度、36 度角的正弦、余弦值等,而且还使优选法成为可能。

"优选法是个新名词,以前没有听到过,是什么意思?"同学们问题不断。

据周老师介绍,优选法是一种具有广泛应用价值的数学方法,著名数学家华罗庚曾为普及它做出重要贡献。优选法中有一种 0.618 法。周老师举例,在一种试验中,温度的变化范围是 0—10 ℃,要寻找在哪个温度时实验效果最佳。为此,可以先找出温度变化范围的黄金分割点,考察 10×0.618=6.18 ℃时的试验效果,再考察 10×(1−0.618)=3.82 ℃时的试验效果,比较两者,选优去劣。然后在缩小的变化范围内继续这样寻找,直至选出最佳温度。又如在炼钢时需要加入某种化学元素来增加钢材的强度,假设已知在每吨钢中需加某化学元素的量在 1000—2000 克之间,为了求得最恰当的加入量,需要在 1000 克与 2000 克这个区间中进行试验。通常是取区间的中点(即 1500 克)做试验。然后将试验结果分别与 1000 克和 2000 克时的实验结果做比较,从中选取强度较高的两点作为新的区间,再取新区间的中点做试验,再比较端点,依次下去,直到取得最理想的结果。这种实验法称为对分法。但这种方法并不是最快的实验方法,如果将实验点取在区间的 0.618 处,那么实验的次数将大大减少。这种取区间的 0.618 处作为试验点的方法就是一维的优选法,也称 0.618 法。实践证明,对于一个因素的问题,用"0.618 法"做试验比"对分法"做试验所达到的效果好很多。

这个 0.618 神通广大,同学们都惊呆了。小强还要接着提问,被小明一把拉住。小明说:"周老师已经介绍得够多了,下面我们自己来进一步研究 0.618 这个奇妙数字吧。"在一阵鼓掌声中,周老师走出了教室,同学们则围拢在小明身旁继续讨论。

44　超越数

　　新城小学数学兴趣班期末,周老师讲新课,刚开口讲新的数类,小丽就皱起眉头,咕哝一声:"又讲数啊? 怎么会有那么多的数啊?"

　　"数学,数学,就是数的学问,数当然多了。"小强自作聪明,这样解释。

　　周老师停下来,问:"那你们说说,到现在为止,学习过哪些数了?"

　　学生们七嘴八舌地报出了整数、自然数、分数、小数、有理数、无理数、合数、质数、奇数、偶数、正数、负数等数类。

　　"那这些数该如何分类呢?"周老师继续问。

　　这下把大家难住了。周老师笑着告诉大家,上面这些数都属于实数,从字面上理解就是实实在在的数。

　　"虚虚实实,那难道还有虚数?"小强开起玩笑来。

　　"还真有虚数,不过这个你们现在理解起来有难度,属于大学里学的内容,我这里不多说了。以后你们会学到复数,复数范围最大,然后复数又包括虚数和实数;其中实数又分为有理数和无理数;同时有理数又分整数及分数;整数又分自然数、负整数;在另一个范围来讲,实数又分正数和负数。而合数、质数、奇数、偶数等都是对整数而言的。"周老师对上述数类这样大致梳理了一遍。

"实数除了这些,还有其他分类法吗?"小明的兴趣来了。

"实数还有一种分类,它又分为代数数和超越数。"周老师表示这个超越数就是今天他要讲的新数类。

"超越数?闻所未闻,还有这样的数?周老师快告诉我们,这些数是怎么样的。"同学们都很好奇。

"超越数是对应于代数数而言的。所谓代数数是能通过整系数代数方程的根表达的数字。而超越数是无法通过整系数代数方程的根表达的数字,是无理数中最杂的一类数。"周老师解释道。

同学们表示这样听不懂。

周老师举例说:"在方程 $x^2+x-6=0$ 中,2 是方程的一个根,2 就是代数数;又如 $x^2-2=0$ 中,$\sqrt{2}$ 是方程的一个根,$\sqrt{2}$ 也是代数数。而超越数是不能成为整系数代数方程的根的数。"接着,周老师告诉同学们代数数和超越数的区别。

第一,定义不同。

有理系数代数方程的根称为代数数。不是代数数的无理数即为超越数。

第二，数量不同。

因为代数数是可数集。代数数是指满足整系数方程的根的数，整数可数，可数集的 n 次笛卡儿积可数说明整系数多项式可数，而整系数方程的根的个数不超过该方程的次数，且可数个可数集的并是可数集。所以代数数是可数集。

超越数是代数数在实数中的补集，所以超越数是不可数的，因此超越数比代数数更多。

"这个还是没有听懂，老师举几个超越数的实例吧。"连小明都似懂非懂。

"例如圆周率 π 和自然常数 e 是超越数。"周老师举了两个例子，就是说，像 π 和 e 不可能是整系数方程的根。

"可是，像 π 和 e 这样的特殊数是很少的，为什么又说超越数比代数数更多呢？"同学们觉得还是不理解。

"因为超越数加代数数还是超越数，比如 $\pi+1$ 或者 $\pi+\sqrt{2}$ 以及 e$+1$ 或者 e$+\sqrt{2}$ 都是超越数，就是说，对应于每个代数数，可以有许多超越数，是不是说明超越数比代数数多？"周老师努力想解释清楚。

看到同学们似有所悟，周老师进一步介绍。前面讲到，"实数＝无理数＋有理数"是一种分类法，"实数＝代数数＋超越数"是另一种分类法。代数数包含有理数，以及部分无理数(比如带根号的)；无理数包含超越数，以及部分的代数数(比如带根号的)。

实数是整个大圆；

有理数是图中小圆；

代数数是图中中圆；

超越数是圆环,等于大圆－中圆；

无理数是圆环,等于大圆－小圆。

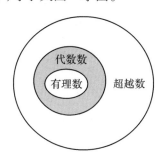

"超越数和代数数之间的关系看懂了,那要怎样来判断一个数是超越数呢?"小明追问。

"要证明一个数是超越数难度很大,历史上第一个证明了超越数存在的是法国数学家刘维尔,他于 1851 年构造了一个超越数,后来被称作'刘维尔数'。后来法国数学家埃尔米特证明了 e 是超越数,德国数学家林德曼证明了 π 是超越数。证明某些数是超越数具有重大的意义,比如证明了 π 是超越数,就解决了古希腊三大作图问题,即化圆为方是不可能的。"周老师叹了口气。

"其他还好懂,就是说超越数比代数数多得多,这个好像感受不到。"小强摇着头,还是不相信。

"这是因为你平时接触到的大部分是代数数,而超越数你很少接触到。也说明数学确实是一片浩瀚的海洋,即使是对数自身的研究,也蕴含着许多未知之谜,等待着人们去探索。"周老师用期盼的眼光看着大家。

"好啊,那我们发动起来,都来找一找超越数。"小强的一句话,把大家都逗乐了,教室里充满了活跃的气氛。

45　无穷大

　　上一堂课,数学兴趣小组的成员学生知道了实数可以分为代数数和超越数,并且超越数的个数远远多于代数数,这一点同学们还是觉得难以接受,因为时间关系,周老师说下次找机会再说说清楚。

　　第二天上课时,同学们又提起这个问题。周老师想了想,说:"要搞清实数中代数数和超越数谁多谁少,必须弄清楚实数的数量。今天我们就来分析这个问题。"

　　首先,实数的数量是无穷大的,因为很显然,就以整数为例,在任何一个很大的整数后面,都可以不断添加数位,无穷无尽,因此整数是无穷大的,说明实数也是无穷大的。同时,每两个很接近的实数之间,总是可以插进新的实数。介绍到这里,周老师问大家,这一点能理解吗?谁能出来证明一下。

　　小明举手,周老师示意他发言。小明说:"假设两个很接近的实数是 a 和 b,取 a 和 b 的平均数,记 $c=(a+b)/2$,实数 c 一定

是在 a 和 b 之间。"

周老师点点头,说:"很好!这就说明了在很小的两个实数之间,都有无穷多个数。"周老师在黑板上画了一条线段,在上面点了几个点,问大家:"这条线段上面的点数能数清吗?"

看到同学们都在摇头,周老师接着说:"同样道理,任何两个靠得很紧的点之间,总是可以插进新的点。所以,整数是无穷多的,一条线段上的点数也是无穷多的。"

"那所有整数的个数和一条线段上的点数比较,哪个更大呢?"小明突然提出了这个问题。

"两个数都是无穷大,这样比较有意义吗?"小强责怪小明。

"有意义!"周老师做出肯定答复,"同是无穷大数,是可以比较大小的,比如全部整数的个数是无穷大,全部实数的个数是无穷大,而整数只不过是实数里面很少的一部分,就是说实数这个无穷大要大于整数这个无穷大。"

"那用什么办法来比较无穷大数之间的大小呢?"新的问题就来了。

周老师提供了这样一种思路:给两组无穷大数列中的各个数一一配对,如果最后这两组都一个不剩,就认为这两组无穷大是相等的,如果有一组还有些数剩余,就认为这一组比另外一组大(或者说多)。

"我懂了,所有偶数和所有奇数这两个无穷大数列是一一对应的,所以它们的个数是相等的。"小强马上反应过来。

周老师点点头,问:"那所有整数和所有偶数,哪个大呢?"

"那当然所有整数大,因为整数包含奇数和偶数,偶数只是整数中的一部分。"小强不假思索,脱口而出。

"错!"周老师解释,用所有整数和所有偶数来一一配对,1 配 2,2 配 4,3 配 6,4 配 8,这样一直配下去,每一个整数总会有一个偶数来配对的,所以,应该说所有整数和所有偶数的数目一样大。

"那同样的情况,1 配 5,2 配 10,3 配 15,4 配 20,这样一直配下去,每一个整数总会有一个 5 倍数来配对,所有整数和所有 5 的倍数的数目一样大。"小丽善于照样画葫芦。

周老师含笑赞同小丽的推理。

"那不是整体等于局部了?"同学们都惊呆了。

"是的,这是在和无穷大数打交道,常规的思路不管用。在无穷大的世界里,部分可能等于全部。"说到这里,周老师指着黑板上的那条线段说,"这也说明,在分析无穷大数时,我们可以用这样短短的一条线段,来解决无限长的直线问题,结果是一样的。"

"这是按比例扩大的问题,局部乘以同一比例,可以扩大为整体,性质不变。"小明理解了。

"那所有分数的数量是不是和所有整数的数量相同?"小丽很自然从整数想到分数。周老师做出了肯定的回答。

"既然这样,是不是所有的无穷大数都是相等的呢?"小琴疑惑不定。

"那不可能,如果都相等,就用不着比较了。"这一点还是小强想得明白。

"那怎么样可以找出不一样大的无穷大数呢?"小丽一副愁眉苦脸的样子。

周老师以一条线段上的点数分析,这条线段上的每一点都可用这一点到这条线的一端的距离来表示。很明显,线段上的点数和整数点是不一样的,可以证明,线段上的点数所构成的无穷大数要比整数或分数所构成的无穷大数大得多。

周老师介绍起来。在一条线段上,整数点很容易标注,分数点也是容易标注的,比如 1/2,1/3,就是将整数 1 二等分或三等分。整数及分数组成有理数,说明有理数点很容易在线段上标注。对于无理数,情况就比较复杂,有些无理数(比如带根号的)是可以直接在线段上标注的。介绍到这里,周老师提出个问题:如何在线段或者说数轴上表示 $\sqrt{2}$、$\sqrt{5}$、$\sqrt{8}$?

小明走上讲台,在黑板上画出下图,并解释起来。如图,两直角边为 1,1,则斜边为 $\sqrt{2}$,$\sqrt{2}$ 的长度可以看作是直角边为 1 的等腰直角三角形的斜边长度;两直角边为 1,2,则斜边为 $\sqrt{5}$,$\sqrt{5}$ 的长度可以看作是一条直角边为 1,另一条直角边为 2 的直角三角形的斜边长度;两直角边为 2,2,则斜边为 $\sqrt{8}$,$\sqrt{8}$ 的长度可以看作是直角边为 2 的等腰直角三角形的斜边长度。

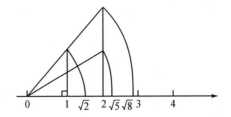

0　　1　√2　2 √5√8 3　　4

周老师很满意,表扬了小明。周老师指出,但有些无理数比如常用的圆周率 π 和自然常数 e,却无法在线段上标注准确位置。能在线段上标注的数,是能通过整系数代数方程的根表达的数字,这种数就叫代数数;而那些无法通过整系数代数方程的根表达的数字叫超越数,超越数是无法在线段上标注准确位置的。代数数和超越数构成了实数的全部。

"那就是说,线段上的点,除了能标注出的代数数点外,还有更多的点无法用代数数表示出来。"小强似懂非懂。

"比如一只瓶子里,放进几块石子放满了,但可以再倒进一些沙子,沙子倒满了,还可以倒进一些水。"小明想举这个例子来说明。

"可以这样帮助理解,但瓶子里的石子、沙子、水的数量总是有限的,而线段上的点的数量是无穷大的。对于无穷大数的认识,不能用常规的思路。"周老师纠正道。

"所以说代数数是可数集,超越数是代数数在实数中的补集,所以超越数是不可数的,根据无穷大数的比较规则,不可数集肯定大于可数集,因此超越数比代数数更多。我们懂了。"同学们恍然大悟。

周老师松了一口气,继续讲起关于无穷大的新内容。

46 游戏

小明和小强学了一些数学知识后,总想在实际生活中露一手,好在机会马上就来了。

一次,小明和小强去城东公园玩,看到有个角落围着不少人。小明和小强挤进人群中,只听有个大叔在卖弄数字。大叔要周围的人任选一个四位数(各位数字不全相同),然后进行以下操作步骤:

(1)来回移动各位数字,找出最大的数字;

(2)来回移动各位数字,找出最小的数字;

(3)用最大的数字减去最小的数字;

(4)用求得的差重复上面的步骤;

(5)最后结果一定等于6174。

围观的人不信,其中张三走到前面,他以9189为例,最大的数字是9981,最小的数字是1899,最大的数字减去最小的数字是9981－1899＝8082;对8082重复上面的步骤,8820－0288＝8532;

对 8532 重复上面的步骤,8532－2358＝6174;对 6174 重复上面的步骤,7641－1467＝6174。所以,最后结果一定等于 6174,大叔所言没错。

李四以 5728 为例,最大的数字是 8752,最小的数字是 2578,最大的数字减去最小的数字是 8752－2578＝6174;对 6174 重复上面的步骤,7641－1467＝6174。所以,最后结果也等于 6174,符合大叔所言。

王五以 3716 为例,最大的数字是 7631,最小的数字是 1367,最大的数字减去最小的数字是 7631－1367＝6264;对 6264 重复上面的步骤,6642－2466＝4176;对 4176 重复上面的步骤,7641－1467＝6174。所以,最后结果还是等于 6174,说明大叔所言是正确的。

张三、李四、王五的验证结果,让围观的人大吃一惊,都觉得这个 6174 很神奇。只有小明和小强知道其中奥秘,小明对小强耳语了几句,小强频频点头。

小明站出来,先是对大叔抱拳致意,称赞他是数字专家。然后对围观的人们说:"刚才大家看到了,四位数按此操作最后结果肯定是 6174,那么三位数按此操作会变什么数呢?"

见旁边的人都摇头,小明告诉大家,三位数的结果是 495。不信你们谁上来验证。

还是张三先上来,他以 582 为例,852－258＝594;对 594 重复上面的步骤,954－459＝495;对 495 重复上面的步骤,954－

459＝495。所以,最后结果等于495。

第二个上来的李四以897为例,987－789＝198;对198重复上面的步骤,981－189＝792;对792重复上面的步骤,972－279＝693;对693重复上面的步骤,963－369＝594;对594重复上面的步骤,954－459＝495。最后结果也等于495。

王五以357为例,753－357＝396;对396重复上面的步骤,963－369＝594;对594重复上面的步骤,954－459＝495。最后结果还是等于495。

现场爆发出一阵掌声,送给小明。

小强上前,抱拳顺时针转了一圈,笑着对大家说:"下面再看看两位数,会出现什么情况。"

两位数更简单,人群中有人以47为例,74－47＝27;对27重复上面的步骤,72－27＝45;对45重复上面的步骤,54－45＝9。

又以39为例,93－39＝54;对54重复上面的步骤,54－45＝9。

再以78为例,87－78＝9。

小强对大家挥挥手,说:"够了,两位数按此操作,最后结果一定等于9。"

一阵热烈的掌声后,张三、李四分别拉住小强、小明,要他俩再分别表演个数学节目。

这下小强先来,他说:"你们想好任意一个数,然后把这个数乘9,最后从结果中把除了0和9之外的任意一位数字去掉,再按照任意顺序给我读出剩下的数字,我就可以把你们去掉的那位数字猜出来。"

张三想好一个数是 3368,3368×9＝30312,去掉 1 这个数,打乱顺序报出 2033 这个数。小强马上回答出去掉的数字是 1。

李四想好一个数是 74537,74537×9＝670833,去掉 8 这个数,打乱顺序报出 33076 这个数。小强马上回答出去掉的数字是 8。

张三、李四一脸茫然,问这个去掉的数字你是怎么知道的呢?

小强不直接回答,而是说,"我们再来换个玩法,现在你们想好一个数字,然后在这个数后面加上一个 0,然后减去这个数字,再加上 63,最后从结果中把除了 0 和 9 之外的任意一位数字去掉,再按照任意顺序给我读出剩下的数字,我就可以把你们去掉的那位数字猜出来。"

张三想好一个数是 34567,后面加上一个 0 变成 345670,减去这个数字就是 345670－34567＝311103,加上 63 就是 311103＋63＝311166,去掉 6 这个数,打乱顺序报出 63111 这个数。张三刚把 63111 报出来,小强马上回答出去掉的数字是 6。

李四想好一个数是 76523,后面加上一个 0 变成 765230,减去这个数字就是 765230－76523＝688707,加上 63 就是 688707＋63＝688770,去掉 7 这个数,打乱顺序报出 88670 这个数。李四刚把 88670 报出来,小强马上回答出去掉的数字是 7。

周围的人都觉得奇怪,议论纷纷。小明出来对张三说:"你任意写一个三位数,不要让我看到。写完了在这个数字后面再把这个三位数添上,使它变成一个六位数,完成了吗? 好,现在用这个数除以 7。"

"你说得很轻松,要是除不尽怎么办?"张三问。

"放心,肯定能除尽的。"小明拍拍胸脯。

张三偷偷记下 561 这个数,在这个数字后面再把这个三位数添上变成 561561,除以 7 变成 80223,果然除得尽。就问接下去要怎么着?

小明说:"你现在用这个结果除以 11。"

"还是没有余数对吧?"张三将信将疑。

小明点着头说:"是的,你试试,没错吧?"

张三将 80223÷11=7293 记住了,等待小明指令。小明让他将这个数再除以 13。

"难道还是能够除尽的吗?"张三满脸疑惑。

"当然能除尽。算出结果了吗?"小明问张三。

7293÷13=561,张三记住这个数字,点点头,表示结果算出来了。"需要告诉你结果吗?"张三问。

"用不着告诉我结果。"小明十分肯定地说,"这个数字就是你开始写出来的那个数字。"

张三疑惑地回头去找,的确是开头记下的 561 这个数。"太奇妙了!"张三惊叫。

　　李四不相信,说:"我来试试!"他写下原始三位数是 753,第一步变成 753753,第二步除以 7 变成 107679,第三步除以 11 变成 9789,第四步除以 13 变成 753。一点不错,不由得不相信。

　　王五用 287 来验证,第一步变成 287287,第二步除以 7 变成 41041,第三步除以 11 变成 3731,第四步除以 13 变成 287。完全正确。

　　全场掌声雷动。围观的人要小明、小强解释原因,小明、小强以"留给你们自己研究"推辞,乘人们不备,钻出人群,离开了那里。

47　游四明山

　　一个假日，数学兴趣小组部分成员想起周老师所说，学习数学不能只停留在课堂上、书本上，要结合实际，融会贯通。这样，数学的学习才有生命力。他们结伴去四明山游玩，在玩中学，在学中玩。

　　车子行驶在弯弯曲曲的山路上，小丽诗兴大发，在车上即兴创作了一首诗：

　　一年二上四明山，

　　三面云海四边雾。

　　五颜六色遮不住，

　　七转八弯何所惧。

　　九里青松十里枫，

　　百丘千岗皆网红。

　　万亿花草来打卡，

　　遍地精灵升紫烟。

小强第一个叫好,称赞小丽文采飞扬,玩转文字游戏,短短几行诗,把一、二、三、四、五、六、七、八、九、十、百、千、万、亿这些数字都写进里面了,反映出生活中有趣的数学现象。

小琴接上来说:"说到诗和数的结合,我想起了宋代朱淑真写的一首《断肠迷》诗。"小琴说着将诗发在本次活动群里。

下楼来,金钱卜落;问苍天,人在何方? 恨王孙,一直去了;詈冤家,言去难留。

悔当初,吾错失口,有上交无下交。

皂白何须问? 分开不用刀,从今莫把仇人靠,千种相思一撇销。

小琴在群里留言:上面这首诗是有门道的,你们能找出每句诗隐藏的数字吗?

小伟很快就看出来了,他说:"这是一首数字隐藏诗,即用猜谜语的形式将数字展示出来。朱淑真这首作品每句作为'拆字格'修辞的谜面,谜底恰好是'一二三四五六七八九十'这十个数字。"

同学们逐句对照,仔细一分析,小伟说得没错。车上一片叫好声。

小明提到,生活中所包含的数学很丰富,生活是数学的归宿,也就是数学必须服务于生活。我们今天就来说说生活中的数学问题。

"既然你先提出来,那你先说。"小强把球踢给小明。

小明向大家介绍了过去燃绳计时的方法:一根绳子,从一端开始燃烧,烧完需要 1 小时。现在要在不看表的情况下,仅借助这根绳子和一盒火柴测量出半小时的时间。你们可能认为这很容易,只要在绳子中间做个标记,然后测量出这根绳子燃烧完一半所用的时间就行了。然而问题是,这根绳子并不均匀,有些地方比较粗,有些地方却很细,因此这根绳子不同地方的燃烧率不同。也许其中一半绳子燃烧完仅需 5 分钟,而另一半燃烧完却需 55 分钟。面对这种情况,似乎想利用上面的绳子准确测出 30 分钟时间根本不可能,但是事实并非如此。

"那有什么好的办法?"小强未及思考,张口就问。

"可以利用一种创新方法解决上述问题,这种方法是同时从绳子两头点火。绳子燃烧完所用的时间一定是 30 分钟。"小明说出了方法。

其他同学一开始还理解不了,仔细一想还真是这样。掌声响了起来。

小伟说起了蜂房结构:蜜蜂蜂房是严格的六角柱状体,它的一端是平整的六角形开口,另一端是封闭的六角菱锥形的底,由三个相同的菱形组成。组成底盘的菱形的钝角为 109 度 28 分,所有的锐角为 70 度 32 分,这样既坚固又省料,蜂房的巢壁厚 0.073 毫米,误差极小。

小孙提到飞鹤排队:丹顶鹤总是成群结队迁飞,而且排成"人"字形。"人"字形的角度是 110 度,更精确地计算还表明"人"

字形夹角的一半——每边与鹤群前进方向的夹角为 54 度 44 分 8 秒。而金刚石结晶体的角度正好也是 54 度 44 分 8 秒。

小黄更是赞叹珊瑚虫,认为珊瑚虫是真正的数学"天才"。珊瑚虫在自己的身上记下"日历",它们每年在自己的体壁上"刻画"出 365 条斑纹,显然是一天画一条。奇怪的是,古生物学家发现 3 亿 5 千万年前的珊瑚虫每年"画"出 400 幅"水彩画"。天文学家告诉我们,当时地球一天仅 21.9 小时,一年不是 365 天,而是 400 天。

小丽以自己家的猫睡觉为例:冬天,猫睡觉时总是把身体抱成一个球形,是因为这样身体散发的热量最少。在数学中,体积一定,表面积最小的物体是球体。猫缩成一个球体,可以减小和外界接触的面积,降低热交换的速度,减少热量损失的速度,节省能量,保持体温。

同学们啧啧称奇,觉得蜜蜂、飞鹤、珊瑚虫,甚至家猫都富有数学头脑,是生活中的数学大师。

车子继续行驶在山路上,这时车轮被路面上的一块石头擦了一下,一阵颠簸。小强突发奇问:"车轮为什么都是圆的,而不是其他形状。"

同学们哈哈大笑起来,小丽取笑小强怎么会问出这种问题。

"总要有个数学上的解释。"小强辩解道。

"我来从数学上解释。"小伟介绍起来。圆的中心叫圆心,圆上任何一点到圆心的距离都是相等的。把车轮做成圆形,车轴在圆心上,当车轮在地面滚动时,车轴离地面的距离,总是等于车轮半径。因此,车里坐的人,就能平稳地被车拉着走。假如车轮变了形,不成圆形了,车轮上高一块低一块,到轴的距离不相等,车就不会再平稳。

小伟的解释博得大家的一阵掌声。

小龙对数字颇有研究,他不善言辞,看到同学们都很活跃,受到感染,说要给大家做数字游戏,名为 123 数字黑洞:任取一个数,依次写下它所含的偶数的个数、奇数的个数以及这两个数字的和,将得到一个正整数。对这个新的数,再把它的偶数个数和奇数个数与其和拼成另外一个正整数,如此进行,最后必然停留在数 123。

小强马上给出一个数字 14741029,按照小龙说的规则,第一次计算结果 448,第二次计算结果 303,第三次计算结果 123。正确!

小丽接着给出数字 357932185,第一次计算结果 279,第二次计算结果 123。只两步,结果就出来了,验证通过。

小伟给出第三个数字 42857934853,第一次计算结果 5611,第二次计算结果 134,第三次计算结果 123。完全成立。

一阵欢呼声后,有同学要小龙解释为什么会有这样的结果。小龙正要说明,只听一阵"吱"的刹车声,四明山森林公园到了。同学们欢笑着下车,跟着前来迎接的导游,往景点走去。

48 座谈

数学兴趣小组开办了一个学期后,周老师召集小明、小强、小丽、小琴等十多名骨干,开了个座谈会。

会议开始后,周老师先是简单介绍了这学期兴趣班讲到的主要内容,强调这次是以学习数的知识为主,包括阿拉伯数字、平均数、完全数、平方数、亲和数、神秘数、奇偶数、天文数等,旨在通过数字之美,培养同学们学习数学的兴趣。周老师强调,学习数学一定要理论联系实际,活学活用。掌握数学知识的目的是解决生活中的实际问题。周老师没有多说,他希望多听听同学们的想法。

小琴手上拿着一瓶饮料,似乎在思考着什么,听到周老师提到理论联系实际,就首先问道:"为什么像瓶、桶的盖子大多都做成圆的?"

"是啊,为什么不做成四边形呢?"小丽也觉得奇怪。

"四边形有四只棱角,比较容易受伤。"小强想到了这点。

"四边形的话,必须和瓶、桶的形状吻合才能盖上,操作麻烦。"小孙想到了另一点。

"我觉得是因为在同样周长的情况下,圆的面积最大,也就是说,做成圆形最省材料。"小伟提出了自己的观点。

小明考虑问题的角度不一样,他指出,如果做成四边形,盖子就有可能掉到桶里面去,而做成圆形就不存在这个问题。

"做成四边形会掉到桶里面去?"有同学还没有想明白。

"是的,因为四边形的对角线大于它的每条边,如果将盖子竖放的话,就会掉下去。"小明解释道。

"很好,你们分析得都对,特别是小明指出的,是瓶、桶的盖子做成圆形的主要理由。"周老师连声夸赞,鼓励大家拓展思路,畅所欲言。

"我喜欢数学,也喜欢语文。我数学结合语文,给大家出些猜数字题。"说着,小丽在黑板上写下了题目。

加法运算:

(　　)言为定＋(　　)鸣惊人＝(　　)全其美

(　　)亲不认＋(　　)触即发＝(　　)窍生烟

②减法运算:

(　　)彩缤纷－(　　)呼百应＝(　　)海升平

(　　)全十美－(　　)手八脚＝(　　)顾茅庐

③乘法运算:

(　　)里挑一×(　　)川归海＝(　　)籁俱寂

（　　）马平川×千钧（　　）发＝（　　）笔勾销

④除法运算：

（　　）寿无疆÷（　　）思不解＝（　　）折不挠

（　　）辛万苦÷（　　）步芳草＝（　　）年树人

⑤混合运算：

丢（　　）落（　　）＋（　　）步登天＝（　　）（　　）成群

（　　）从（　　）德＋（　　）鼓作气＝（　　）年（　　）载

写完后，小丽补充说："括号里填上数字，必须构成一句成语，并且还要使等式成立。"

小丽刚说完，小琴马上填出了加法运算两道题，分别是：

（一）言为定＋（一）鸣惊人＝（两）全其美，

（六）亲不认＋（一）触即发＝（七）窍生烟。

接着小强填出了减法运算两道题，分别是：

（五）彩缤纷－（一）呼百应＝（四）海升平，

（十）全十美－（七）手八脚＝（三）顾茅庐。

小伟填出了乘法运算两道题，分别是：

（百）里挑一×（百）川归海＝（万）籁俱寂，

（一）马平川×千钧（一）发＝（一）笔勾销。

小孙填出了除法运算两道题，分别是：

（万）寿无疆÷（百）思不解＝（百）折不挠，

（千）辛万苦÷（十）步芳草＝（百）年树人。

混合运算这个稍难一些，过了一会儿，也被小明填出来了，分别是：

丢(三)落(四)＋(一)步登天＝(三)(五)成群，

(三)从(四)德＋(一)鼓作气＝(三)年(五)载。

小丽出的成语题都填出来了，周老师连连说："不错，不错，下面小明你来说说。"

小明说："我想到了一个故事，有一只兔子被狮子抓住了，眼看自己就要被吃了。于是兔子对狮子请求道：'如果我能猜到你接下来要干什么，你就放过我好吗？'狮子根本不相信兔子能猜到他接下来要干的事情，于是就答应了。兔子对狮子说什么能活命呢？"

"这个我知道！"小强反应很快，马上回答出来，"兔子对狮子说，你接下来要吃了我！"

看到有些同学一脸茫然，小强分析说："如果狮子接下来要吃了兔子的话，那兔子就猜中了，狮子就必须放过兔子。"

"如果狮子不吃兔子呢？"有同学提出疑问。

"那兔子就猜错了，但如果狮子打算再吃兔子的话，兔子就还是猜中了，这样狮子就又不能吃兔子了。就是说，无论狮子多想吃兔子，它都不能吃。"小强分析得有条不紊。

全场响起了热烈掌声，周老师特别表扬了小强，认为小强自从参加数学兴趣班后，成绩突飞猛进。周老师点评说："像这类问题，属于数学上的悖论。所谓悖论，是指命题或推理看起来是对的，其实是错的，或者看起来是错的，其实是对的。另外也有对错难分的意思。"

"就是相互矛盾的意思吧?"小丽问。

"差不多吧!"周老师继续说下去,悖论的著名例子是只要有一根头发就不能说是秃头。如果不是秃头,即使从头上拔下一根头发,也不会成为秃头,再拔一根,还是变不成秃头,一直拔下去,都变不成秃头,只有把头发全部拔光之后才是秃头。

听到这里,大家都笑了。"悖论是数学问题,怎么我听起来像哲学问题。"小明开起玩笑。

"数学还真是和哲学紧密相连的,古代的许多数学家同时也是哲学家。"接着,周老师说起哲学家的数学故事。

一天,古希腊大哲学家苏格拉底和他的学生到郊外散步。来到一个湖边时,苏格拉底忽然心血来潮,问身边的学生们:"你们谁能说出这湖里共有多少桶水?"

学生们面面相觑,回答不上来。过了一会儿,学生们开始你一言我一语地谈论起来。

有人说,这湖实在太大了,根本无法用桶来度量,所以,湖水有无数桶;有人说,我们可以利用数学知识计算出湖的体积,然后除以桶的体积,就可以算出一共有多少桶水了……

然而,面对学生们的回答,苏格拉底只是微笑着摇头。

末了,苏格拉底来到一直站在一旁沉默不语的柏拉图面前,问:"你能回答这个问题吗?"

"这个问题实在太简单了。"柏拉图说道,"那要看桶是什么样的桶。如果和湖一样大，那湖里就只有一桶水；如果桶只有湖的 1/2 大，那湖里就有两桶水；如果桶只有湖的 1/3 大，那湖里就有三桶水；如果……"

"行了，你的答案完全正确。"苏格拉底满意地说。

看，柏拉图只是转换了思考问题的角度，他不是以湖的大小为出发点，而是从桶的角度进行思考。结果，问题迎刃而解。

周老师的故事说完了，同学们都点点头，若有所思。周老师指出："在生活中，我们有时候是很容易陷入思维陷阱的，而跳出陷阱，往往只需要换一个思维角度。"

"哲学是研究什么问题的？"有同学提问。

周老师介绍说："哲学的基本问题是思维和存在的关系问题，简单地说，就是意识和物质的关系问题，它包括两方面的内容：一是思维和存在何者为第一性的问题，对这个问题的不同回答，是划分唯物主义和唯心主义的唯一标准；二是思维和存在有没有同一性的问题，即思维能否正确认识存在的问题。"

见同学们静静地听着，周老师继续补充说："因为思维和存在的关系问题，是我们在生活和实践活动中首先遇到和无法回避的基本问题，我们所从事的活动主要归结为两类，一是认识世界，二是改造世界，无论认识世界还是改造世界，说到底都要解决一个共同的问题，即思维和存在的关系问题。"

"且慢。"小丽站起来，说，"老师，你这样说，我们有些听不懂,能不能讲得更通俗易懂些。"

周老师点点头,说:"好的,简单地说,哲学要解决三大问题,我们是谁?我们从哪里来?我们要到哪里去?前两个问题就是认识世界的问题,第三个问题属于改造世界的问题。"

"周老师,我有个问题搞不明白。"小明插问,"我们在学习数学时,经常听到欧几里得、毕达哥拉斯、祖冲之、欧拉、牛顿等名字,这些人不仅仅是数学家,在哲学、物理学、天文学等方面也成果卓著,可以纵横跨界,挥洒自如。而现代科技领域就很难出现这种现象。这是为什么?"

周老师很欣赏小明,觉得他能提出这样的问题,说明他是有想法的人,是块好料,假以时日锤炼,肯定能成才。周老师想了一会儿,说:"这个问题问得好,也是我以前考虑过的问题,不是三言两语能说得清的。不过,以哲学的观点来看,不外乎主观和客观两方面。"

"主观和客观两方面?这个怎么理解?"同学们都很感兴趣。

"主观上,古代这些数学家不仅天赋异禀,并且非常勤奋,所以能在不同领域做出杰出贡献。客观上,随着科学技术的迅猛发展,解决科技难题犹如爬珠穆朗玛峰,越到山顶越难爬。比如画画,一张白纸时,最好画,因为到处都是空白,很容易突破。而现在,基础已经很扎实了,白纸上画得满满当当的,你要有所成就,光研究透画面就要许多年,要想在一个领域找出破绽并取得突破都很难,更不要说跨界纵横了。"说到这里,周老师觉得这样解释有点丧气,就话锋一转,说,"当然,事物都是一分为二的,科技也是螺旋式推动向前的。新的时代,必然会有新的科技使命。春天只管播种,秋天必有收获;你们只管努力,他日必将成才。"

同学们会心地笑了,兴趣班的座谈会也接近尾声。